21 世纪高等院校计算机辅助设计规划教材

Creo 4.0 实用教程

徐文胜　俞海兵　主编

马　骏　参编

机械工业出版社

本书内容经过精心编排，由浅入深，由简单到复杂，循序渐进。本书包括两部分内容：基础理论篇和上机实训篇。上篇基础理论篇包括常用的草图绘制、零件设计、零件装配设计、工程图等基础知识。通过对软件和实例的介绍与演示，一步一步地引导读者掌握常用的基本技能。下篇上机实训篇则是对基础知识应用的综合练习，通过由浅入深，逐步全面的功能介绍和实例应用，达到使读者熟练和灵活使用软件进行设计的目的。读者通过相应实例的练习，完全可以掌握该软件的基础应用。

本书可以作为高等院校本、专科 Creo 软件的教材，也可作为广大软件爱好者的自学和参考用书。

本书配有电子教案，需要的教师可登录 www.cmpedu.com 免费注册，审核通过后下载，或联系编辑索取（QQ：2966938356，电话：010 - 88379739）。

图书在版编目（CIP）数据

Creo 4.0 实用教程/徐文胜，俞海兵主编 .—北京：机械工业出版社，2018.6

21 世纪高等院校计算机辅助设计规划教材

ISBN 978-7-111-60059-6

Ⅰ.①C… Ⅱ.①徐… ②俞… Ⅲ.①计算机辅助设计-应用软件-高等学校-教材 Ⅳ.①TP391.72

中国版本图书馆 CIP 数据核字（2018）第 110151 号

机械工业出版社（北京市百万庄大街 22 号　邮政编码 100037）
策划编辑：和庆娣　　　责任编辑：和庆娣
责任校对：张艳霞　　　责任印制：张　博
三河市国英印务有限公司印刷

2018 年 7 月第 1 版 · 第 1 次印刷
184mm×260mm · 14.5 印张 · 356 千字
0001-3000 册
标准书号：ISBN 978-7-111-60059-6
定价：45.00 元

前　言

当前产品设计的思路，已经由原先的二维图形变革为三维设计。通过三维设计，可以顺利进行产品结构的设计、组装，并在电子样机中进行干涉检查，同时进行机构分析，优化设计，并可以生成二维工程图。掌握三维设计软件，是从事工程设计的技术人员必不可少的基本技能。

Creo 是著名的 Pro/Engineering 软件的升级产品，是美国参数技术公司（Parametric Technology Corporation，PTC）推出的融合了智能与协作的应用产品，在可用性、易用性和联通性上做了很大的改变，能够让用户在较短的时间内，以较低的成本开发产品，快速响应市场。在当前主流的三维软件领域中，Creo 占有重要地位，并作为当今世界机械 CAD/CAE/CAM 领域的新标准而得到业界的认可和推广。其核心设计思想是基于特征、单一数据库、全尺寸相关、参数化造型原理，完成零件设计、产品装配、数控加工、钣金件设计、模具设计、机构分析、结构分析、产品数据管理（PDM）等。

本书以 Creo 4.0 为对象，重点介绍 Creo Parametric 零件设计、零件装配设计、工程图等创建的方法和技巧。

本书包含基础理论篇和上机实训篇。上篇基础理论部分主要包括 Creo 4.0 简介、草图绘制、零件设计、零件装配设计、工程图等知识。通过草绘命令的详细介绍，读者可以快速掌握常用的草图绘制、编辑、尺寸标注、尺寸修改、调色板应用、镜像、提取边、约束的使用等基本技能。零件设计章节则介绍了特征的生成方式，如拉伸、旋转、孔工具、圆角、倒角、镜像、阵列、基准轴、基准面等。通过对这些工具的综合使用，可以创建各种三维模型。零件装配设计部分则介绍了如何通过零件的插入，组装成符合要求的装配体，包括组件中创建零件的方式。工程图部分则详细介绍了由三维模型生成二维工程图的方法，包括视图、剖视、全剖、局部剖、半剖、旋转剖、组合剖、断面图、向视图等，以及工程图中需要的尺寸公差、几何公差、表面粗糙度、技术要求等。下篇上机实训部分旨在使读者通过对基础知识的练习，熟练掌握基本技能。同时通过更加复杂的综合实例，对 Creo 4.0 的高级功能进行介绍，如零件建模部分包含参数、方程、挠性等内容，工程图部分包含组件工程图的创建、零件序号、明细栏等内容。

本书由徐文胜和俞海兵主编，马骏参编。其中，徐文胜编写第 1~3 章，马骏编写第 4 章，俞海兵编写第 5~9 章。全书由徐文胜审阅和统稿。

因作者水平有限，不足之处难免，请广大读者批评指正。

编　者

目　录

上篇　基础理论篇

基础理论篇主要介绍 Creo 4.0 的基础知识，包括界面介绍、鼠标用法、配置方法、对象选择方法等，以及草绘命令及操作技巧、特征建模方法、组件创建方法、零件工程图的创建方法等。通过基础理论的学习，可以完成特征建模、组件装配、零件工程图的绘制等。

第 1 章　Creo 4.0 简介
第 2 章　草图绘制
第 3 章　零件设计
第 4 章　零件装配设计
第 5 章　工程图

第1章 Creo 4.0 简介

Creo 4.0 是美国参数技术公司（Parametric Technology Corporation，PTC）推出的融合了智能与协作应用的新产品，由最初的 Pro/Engineer 升级而成，在可用性、易用性和联通性上做了很大的改变，能够让用户在较短的时间内，以较低的成本开发产品，快速响应市场。

在目前的三维软件领域中，Creo 占有重要地位，并作为当今世界机械 CAD/CAE/CAM 领域的新标准而得到业界的认可和推广。其核心设计思想是基于特征、单一数据库、全尺寸相关、参数化造型原理，利用 Creo 的不同模块，完成零件设计、产品装配、数控加工、钣金件设计、模具设计、机构分析、结构分析、焊接、电气、管道设计，以及产品数据管理（PDM）等。

1.1 Creo 4.0 用户操作界面及设置

本节介绍 Creo 4.0 的界面及相关设置，使用户熟悉其操作环境。

1.1.1 用户界面

Creo 界面根据功能模块的不同而有所不同，启动 Creo Parametric 4.0 后出现如图 1-1 所示的界面。

零件建模工作界面如图 1-2 所示。

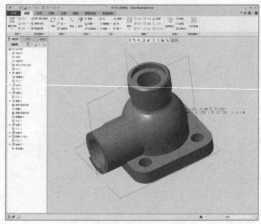

图 1-1 启动界面　　　　　　　　　　　图 1-2 零件建模工作界面

Creo Parametric 窗口包含以下元素：功能区、标题栏、文件菜单、工具栏、导航栏、图形窗口、快捷菜单（浮动工具栏、快捷菜单）、浏览器、状态栏（命令提示、通知、选择过滤）、全屏模式等。

1. 功能区

功能区包含集中在一组选项卡内的命令按钮。在每个选项卡中，相关命令按钮被分在不同的组中，如图 1-3 所示。

图 1-3　功能区面板

用户可以自定义功能区。右击功能区中的任一按钮，在弹出的如图 1-4 所示的快捷菜单中选择"自定义功能区"命令，弹出如图 1-5 所示的"Creo Parametric 选项"对话框。通过该对话框可以对功能区进行自定义。

图 1-4　自定义功能区快捷菜单

图 1-5　"Creo Parametric 选项"对话框

2. "文件"菜单

"文件"菜单包含用于管理文件模型、为分布准备模型和设置 Creo Parametric 环境和配置选项的命令。如图 1-6 所示。环境设置应该尽量在建模、装配、工程图创建等工作开始

3

之前完成。

3. 工具栏

Creo 中的工具栏有两种。

（1）快速访问工具栏

如图 1-7 所示，在 Creo Parametric 窗口的顶部是快速访问工具栏。快速访问工具栏提供了对常用按钮的快速访问，比如打开和保存文件、撤销、重做、重新生成、关闭窗口、切换窗口等按钮。用户可以自定义快速访问工具栏来包含其他常用按钮和功能区的层叠列表。

（2）图形工具栏

图形工具栏默认被嵌入到图形窗口顶部，工具栏上的按钮控制图形的显示。如图 1-8 所示。工具栏上的按钮可以隐藏或显示。通过右击工具栏并从快捷菜单中选择相应命令，可以更改工具栏的位置。

图 1-6 "文件"菜单

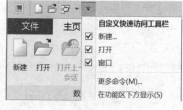

图 1-7 快速访问工具栏

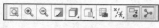

图 1-8 图形工具栏

4. 快捷菜单

（1）浮动工具栏

浮动工具栏是快捷菜单的一部分，而快捷菜单是与选定对象相关的上下文用户界面。浮动工具栏会在图形窗口和模型树发生选择后立即显示。浮动工具栏会显示常用和所需命令，它还会显示与扩展上下文相关的命令。

如图 1-9 所示显示了带有适用于选定面命令的浮动工具栏。

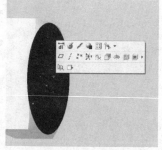

图 1-9 浮动工具栏

（2）快捷菜单

与选定对象相关的上下文用户界面。选择特征对象后右击，弹出快捷菜单，如图 1-10 所示。

如图 1-11 所示为组件中选择装配零件的浮动工具栏及右击后弹出的快捷菜单。具体的浮动工具栏和快捷菜单与选择的特征或对象有关。

5. 导航器

导航器包括"模型树""层树""细节树""过滤器""文件夹"浏览器和"收藏夹"。状态栏上的 🔡 控制导航器的显示。如图 1-12 所示为零件建模的模型树，将组成该模型的特征按照树形结构显示在下方。如图 1-13 所示为模型树设置菜单，用于设置模型树显示方式。选择"树过滤器"菜单，则弹出如图 1-14 所示的"模型树项"对话框。在该对话框中可以设置显示项目。

图 1-10　快捷菜单　　　　图 1-11　组件中浮动工具栏及快捷菜单

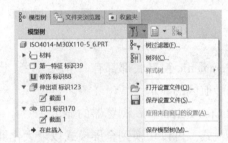

图 1-12　模型树　　　　　图 1-13　模型树设置菜单

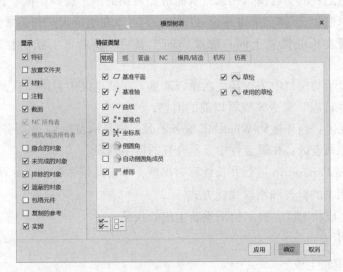

图 1-14　"模型树项"对话框

6. 图形窗口

模型显示在导航器右边的图形窗口中。

7. Creo Parametric 浏览器

Creo Parametric 浏览器提供对内部和外部网站的访问功能。状态栏上的 控制浏览器的显示。如图 1-15 所示为浏览器。

图 1-15　浏览器

8. 状态栏

每个 Creo Parametric 窗口底部都有一个状态栏。状态栏显示以下控制和信息区。

- ：控制导航区的显示。
- ：控制 Creo Parametric 浏览器的显示。
- ：全屏模式。可以切换到全屏模式以最大化屏幕上的可用图形空间。此时将隐藏除图形工具栏之外的所有窗口元素，从而增加可用的图形窗口空间。按〈F11〉键或在状态栏上单击"全屏"（Full Screen）按钮 可以在全屏模式和正常模式间进行切换。当将指针放置在相应位置上时，快速访问工具栏、功能区、状态栏和导航器将变为可用。
- 消息区：显示与窗口中工作相关的单行消息。在消息区中右击，从弹出的快捷菜单中选择"消息日志"命令来查看以前的消息。
- 服务器状况区：当连接到 Windchill 服务器时，则显示 Windchill 服务器状况。
- 合并的模型列表区：在钣金件中显示合并的模型列表。
- ：当 Creo Parametric 进行冗长计算时出现，单击此按钮即中止计算。
- ：显示相关的警告和错误快捷方式。
- 模型重新生成状况区：提示模型重新生成的状况。

：重新生成完成。

：要求重新生成。

：重新生成失败。

- ■: 打开"搜索工具"（Search Tool）对话框。
- ▣: 激活"3D选择"工具。
- 选择缓冲器区：显示当前模型中选定项的数量。
- 选择过滤器区：显示可用的选择过滤器。当需要选择特定的特征避免其他特征干扰时，应设置该过滤。
- 图形工具栏区：如果"图形"工具栏的位置被设置到状态栏，则显示图形工具栏。

每个 Creo Parametric 对象在其自己的 Creo Parametric 窗口中打开。可以在多个窗口中利用功能区执行多项操作，而无须取消待处理操作。每次只有一个窗口是活动的，但仍可在非活动窗口中执行某些功能。可以按〈Ctrl+A〉组合键激活窗口。

1.1.2 鼠标的使用方法

在使用 Creo 时，鼠标是必备的工具。一般要求是三键鼠标，如果不是三键鼠标，则应是带滚轮的二键鼠标，其滚轮相当于中键，Creo 不支持单纯的二键鼠标。在 Creo 中鼠标的用法如下。

- 鼠标左键：单击即可拾取对象或拾取坐标点。
- 〈Ctrl〉+鼠标左键：添加对象或从对象集中移除对象等。
- 〈Shift〉+鼠标左键：拾取连续链等。
- 鼠标中键（滚轮）：按住并移动即可旋转模型。转动则可进行缩放，向上转则为缩小，向下转则为放大。光标所在位置自动设置为缩放中心，可以利用该功能控制在屏幕上显示的位置和大小。在建模或装配等模块中，相当于单击操控板上的"确定"按钮☑。
- 〈Ctrl〉+鼠标中键：上下移动鼠标为缩放，左右移动鼠标为旋转。
- 〈Shift〉+鼠标中键：上下左右平移。
- 鼠标右键：弹出快捷键菜单。

1. 对象选择

可以在激活特征工具之前或之后选择对象。要选择对象，将指针置于图形窗口中的选项上面。如果另一对象在此对象之上，则可查询该对象。对象突出显示后，单击可被选中。按下〈Ctrl〉键的同时单击可选择多个对象。Creo Parametric 构建了选定对象的列表或"选择集"，并在状态栏上的"选定项"区域指示选择集中的对象数。可双击"选定项"区域以打开"选定项"对话框。此对话框中包含选择集中所有对象的名称。用户可查看选择集并移除选定对象。

在图形窗口中选择对象后，"模型树"中的相应分支会展开至选定对象并突出显示其节点。选择"几何"或"顶点"作为过滤器时，树将展开至所选的实际对象或延伸的上下文对象（拥有所选内容的特征或零件）。重新进行选择后，先前自动展开的分支会折叠，而新选择将自动置于"模型树"中。

注意：

1）默认情况下，模型树导航器的"在树中自动定位"复选框处于选中状态。要取消"在树中自动定位"复选框的选中状态，可右击，在弹出的快捷菜单中选择"在模型树中定位"命令，手动定位所选内容。

如果在特征工具工作时进行选择，则每个工具均有必须满足的特定选择要求。这些要求由过滤器和收集器控制。为了便于进行查询和选择，Creo Parametric 提供了缩小可选对象范围的过滤器。这些过滤器位于状态栏上的"过滤器"框中。选择对象并打开特征工具后，Creo Parametric 将选定对象置于收集器中。

2）默认情况下，会启用预先选择突出显示功能。如果禁用它，则必须使用其他选择方法。

3）默认情况下，当在"模型树"或"层树"中选择对象后，会在图形窗口中突出显示与选定树对象相对应的几何。在"模型树"或"层树"中单击▤按钮，然后选择"突出显示几何"选项可禁用此突出显示几何功能。

2. 选择操作

可以使用各种操作选择对象（几何和基准）。表 1-1 列出了主要的选择操作。

表 1-1　选择操作

操　作	说　明
单击	选择单个对象以添加到选择集或工具收集器中
双击	激活"编辑"模式使你能够更改选定对象的尺寸值或属性
按〈Ctrl〉键+单击	选择要包括在同一选择集或工具收集器中的其他对象 单击已选对象并从选择集或工具收集器中移除它
按〈Ctrl〉键+双击	将双击和按〈Ctrl〉键并单击组合为一个操作
按〈Shift〉键+单击	选择边和曲线后，激活链构造模式 选择实体曲面或面组后，激活曲面集构造模式
右击	激活快捷菜单
按〈Shift〉键+右击	根据选定的锚点查询可用的链

3. 清除选择

选择对象后，有可能要从选择集、链和曲面集中清除对象，可按下列方法清除选择。

（1）在工具外工作

● 按住〈Ctrl〉键单击各个对象将其逐个清除。例如，曲面集中的单个对象。

● 要从链末端清除单个对象的选择，可按住〈Shift〉键并单击各个对象。要清除对整个链的选择，可按住〈Ctrl〉键单击链。还可以选择"撤销"选项来清除全部所选内容。

● 使用"选定项"对话框移除对象。

● 单击图形窗口中的空区域清除整个选择集、链或曲面集。

● 右击"选定项"区域，然后在快捷菜单中选择"清除"命令来清除整个选择集。

（2）在工具内工作

● 使用图形窗口中的"清除"快捷菜单命令，或使用收集器本身内部的"移除"或"全部移除"快捷菜单命令，可清除活动收集器中的一个选定对象或所有对象。

● 按住〈Ctrl〉键，然后单击各个对象以从收集器中将其逐个清除。例如，链或曲面集中的个别对象，或是整个链或曲面集。

● 右击"选定项"区域，然后在快捷菜单中选择"清除"命令来清除选定对象。

4. 使用选择

完成选择后,可执行以下任一操作开始使用选择集。

1) 利用单击工具栏中的按钮激活特征工具的操作,可在图形窗口中直接或使用"操控板"处理对象。

注意:在特征工具内的所有选择均由该工具的要求控制。例如,可能只需要选择一个对象即可满足"主"收集器的要求,但对于另一收集器可能需要选择多个对象。

2) 右击并使用快捷菜单命令执行对选择集的操作。

3) 使用菜单栏上的菜单执行对选择集的操作。

注意:如果取消特征工具,Creo Parametric 将立即恢复打开工具前存在的选择集。这样就可以无须重新创建选择集即对其执行建模操作。

5. 过滤器和选择

Creo Parametric 提供各种过滤器来帮助选择对象。这些过滤器位于状态栏上的过滤器选项列表中。每个过滤器均会缩小可选对象类型的范围,利用这一点可轻松地收集希望选取的对象。

选择过滤器有两种类型。

1) 复合选择过滤器:可以选择多种对象类型。例如,几何选择过滤器是预定义的复合选择过滤器,其中包括用于边、曲面、基准、曲线、面组和注释的选择过滤器。

2) 单一选择过滤器:只能选择一种对象类型。

● 装配模式:顶点、零件和特征。在装配模式下,所显示的扩展上下文命令与选定几何及选定几何的零件所有者相关。例如,在装配模式下选择一条边后,即显示与零件所有者及选定边相关的扩展命令。但是,如果在装配中激活零件模式,或选择同一条边,则将显示与特征所有者及选定边相关的扩展命令。

● 零件模式:顶点和特征。在零件模式下选择几何图元时,所显示的扩展上下文命令与选定几何及选定几何的所有者特征相关。

可以按住〈Alt〉键用鼠标选择来排除选定过滤器。例如,如果在装配模式中选择"几何"(Geometry)作为选择过滤器,则可以在不切换过滤器的情况下按住〈Alt〉键用鼠标选择特征、零件或顶点。

所有的过滤器都是与环境相关的,因此只有那些符合几何环境或满足特征工具需求的过滤器才可用。在"过滤器"框中可用的过滤器列表由活动的模式和选项卡确定。通常情况下,Creo Parametric 将根据上下文来自动选择最佳过滤器。应始终通过从"过滤器"框中选择另一过滤器的方式显式地更改过滤器。

6. 链

链由相互关联(例如,通过公共的顶点或相切相关)的多条边或曲线组成。选择这些相关联的边或曲线并将它们放置在组或链中。利用这些链,可在该链或多个链中所有一次性选定的边或曲线上,高效地执行建模操作。

可以在建模会话中随时(在工具内或在进入工具前)构造链并使用它们。

注意:无论何时要构造链,必须首先选择参考,然后按住〈Shift〉键以激活链构造模式。Creo Parametric 提供作为可视化辅助手段的工具提示、消息和标签来指导用户完成链的构造过程。

要修改链，可使用"链"对话框。该对话框中包含使用活动零件构造的链列表和链属性及各种选项。

Creo Parametric 可以创建下列类型的链。

（1）非基于规则

- 依次链：选择单独的边、曲线或复合曲线组成的链。如果要对其他边或曲线以及已构造的其他链建模，也可使用依次链。如果所需选择的元素不是相同特征的一部分（如基准曲线），或者如果元素贯穿于多个特征而存在时，则通常创建依次链。

注意：某些应用程序可能将其他条件附加到所生成的链上（如相切）。

- 目的链：目的链是由创建它的事件所定义和保留的链，而不是由它所包含的特定图元定义和保留的链。对于简单拉伸，其中带有由形成单个封闭环的图元组成的截面，由截面生成的所有边定义一个目的链。如果要从环中添加或移除图元，则会自动更新目的链以及参考它的所有特征。

例如，如果选择由两个实体拉伸相交而产生的边作为目的链来创建倒圆，则在更改拉伸的截面时会自动更新目的链和倒圆。

（2）基于规则

- 部分环链：开始于一个起点，然后跟随边并终止于所选边或曲线段终点的链（也称为"起止"链）。可以构造曲线、曲面或面组边界的部分环链。
- 相切链：由选定对象和范围所定义的链，相邻图元与之相切。
- 完整环链：包含曲线或边的整个环的链，这些曲线或边约束其所属的曲线、面组或实体曲面，或者约束其由两条曲线或两条边定义的一部分。

大多数工具都不会将点和顶点加入到链中，个别工具除外。不能显式地将特征工具之外的点和顶点转换为链，也不能以任何方式将其作为链进行延伸或修改。

1.2 设置当前工作目录

工作目录是指存取 Creo 文件的路径。使用 Creo 进行设计时应养成一个良好的习惯，即将整个设计视为一个项目或一个工程，先要为这个项目建立一个专用的文件夹，然后将该文件夹设置为当前工作目录。这样，在设计过程中产生的各种文件将会被一并保存到该文件夹中。在默认的情况下，系统当前工作目录是 Creo 的启动目录。在实际设计过程中，用户可通过两种方法重新设置系统当前工作目录。

1.2.1 通过"文件"菜单设置

启动 Creo 后，出现"主页"选项卡，如图 1-16 所示，单击"选择工作目录"按钮或选择"文件"→"管理会话"→"选择工作目录"命令，如图 1-17 所示。弹出"选择工作目录"对话框。在对话框中选择所需的工作路径，或是在所选路径下新建一个工作目录，右击对话框中间的空白处，弹出如图 1-18 所示的快捷菜单，选择"新建文件夹"命令，输入新建文件夹的名称，单击"确定"按钮完成工作目录的设置。

图1-16 "主页"选项卡

图1-17 "选择工作目录"命令

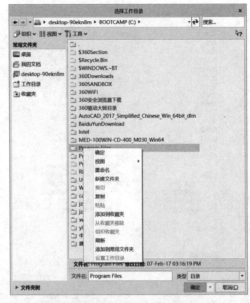

图1-18 设置系统当前工作目录

1.2.2 通过系统启动目录设置

在桌面上右击Creo快捷方式图标，在弹出的快捷菜单中选择"属性"命令，弹出"属性"对话框，如图1-19所示。单击对话框中的"快捷方式"选项卡，在"起始位置"文本框中输入工作目录的路径，然后单击"确定"按钮。重新启动Creo后，系统会自动将该目录作为当前目录。

1.3 设置系统配置文件

配置文件也叫映射文件，是Creo系统的一大特色，Creo系统的所有设置，都是通过配置文件来完成的，熟练掌握配置文件的使用可以

图1-19 "属性"对话框

提高设计效率，避免重复修改环境，有利于标准化、团队合作，也是从初学阶段到提高阶段的必经之路。

在 Creo 中，配置文件有很多种类型，其中系统配置文件 config. pro 是最常用的一种，它直接影响整个 Creo 系统的配置，如系统的颜色、界面、单位、尺寸公差、显示、尺寸精度等。通常 config. pro 配置文件位于 Creo 的起始目录（Creo 默认的工作目录）之下，在每次启动 Creo 时，都会被读取，并调用其中的设定。

选择"文件"→"选项"命令，弹出如图 1-20 所示的"Creo Parametric 选项"对话框，在该对话框中选择"配置编辑器"选项可以对配置文件进行设定。

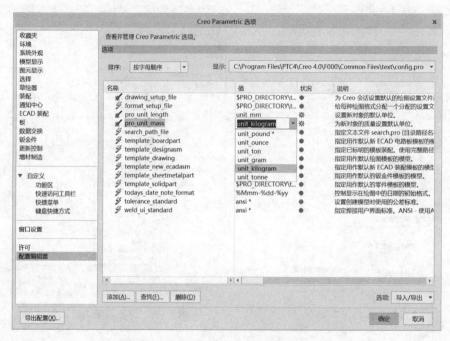

图 1-20　"Creo Parametric 选项"对话框

可以选择某个选项，在随后的编辑框输入或单击下拉列表从中选择需要设置的值，或者单击列表最后的"浏览"按钮，选择文件。如果某个选项没有列入列表，可以单击"查找"按钮，弹出图 1-21 所示的"查找选项"对话框，输入关键字并单击"立即查找"按钮，Creo 会将符合搜索条件的选项列出，用户找到需要更改的选项后进行选择，并单击下方的"值"后的下拉按钮，可查看并选择配置选项的值或输入新的值。例如，需将 Creo 系统的单位 pro_unit_mass 设置为千克，则在下拉列表中选择 unit_kilogram 选项即可。

与工程图相关的选项设置参见 5.8 节。

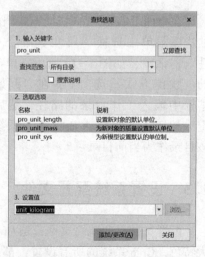

图 1-21　"查找选项"对话框

第2章　草图绘制

Creo 4.0 零件设计中的大部分零件都是通过拉伸、旋转、扫描、混合等基本特征操作创建的，因此大部分零件的创建都是离不开二维几何图形的绘制。在 Creo 中，二维图形的绘制称为草图绘制（简称草绘）。草绘贯穿于零件设计的整个过程中。

首先启动 Creo 4.0，单击工具栏中的"新建"按钮 □，或选择"文件"→"新建"命令，打开如图 2-1 所示的"新建"对话框。在对话框的"类型"选项组中选择"草绘"单选按钮，并在"名称"文本框中输入草绘文件的名称（也可采用系统默认的文件名 s2d000#，一般名称不能用中文，可用英文和数字）。然后单击对话框中的"确定"按钮，即可进入如图 2-2 所示的草绘工作界面。

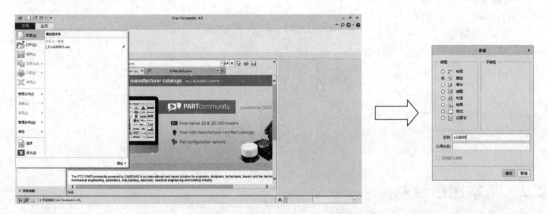

图 2-1　打开"新建"对话框

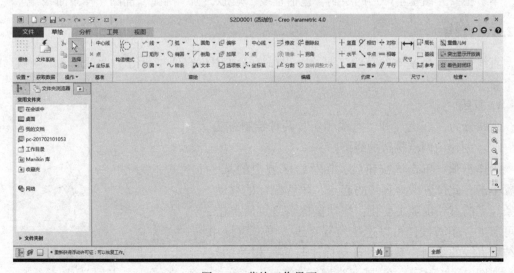

图 2-2　草绘工作界面

2.1 草绘工具栏

如图 2-3 所示为二维草绘的工具按钮以及功能说明。

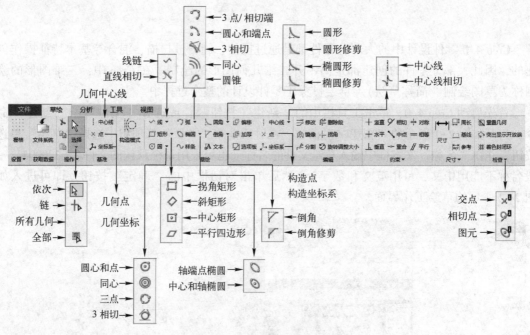

图 2-3　草绘工具栏

2.2 基本图形绘制

本节主要介绍基本图形的绘制，包括直线、矩形、圆、圆弧、椭圆、样条曲线等。

2.2.1 直线

直线工具是最基本的草绘工具之一，Creo 4.0 中将直线工具分为"线"和"中心线"两个命令。

1. 直线

直线分为"线链"和"直线相切"两种绘制方法。

：创建由两点构造的线链。

操作步骤：单击该按钮后，在草绘区域中的某一位置单击，此位置即为直线的起点，随着鼠标的移动，一条高亮的直线也随之变化；拖动鼠标至终点后单击，即可产生一条直线，可以连续绘制直线，单击鼠标中键结束直线的绘制。系统会自动标注与直线相关的尺寸，如图 2-4 所示。单击"选择"按钮 再单击所画直线，或直接选中直线后，按

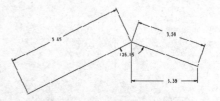

图 2-4　绘制直线

14

〈Delete〉键，即可删除此直线。

▷：创建一条与两图元相切的线。

操作步骤：单击此按钮后，选择两个弧、圆或椭圆，即产生此二者的公切线，如图 2-5 所示，所绘制的公切线为最靠近拾取点的切线。

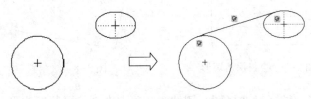

图 2-5　绘制公切线

2. 中心线

中心线分为"中心线"和"中心线相切"两种方法。

▷：创建一条由两点构造的中心线。

操作步骤：单击该按钮后，选择两个点，即可产生一条中心线。如果是水平中心线，则在中心线一侧出现▬图标；如果是垂直中心线，则在中心线一侧出现▮图标。

▷：创建一条与两个图元相切的构造中心线。

操作步骤：单击该按钮后，选择两个弧、圆或椭圆，即产生此二者的公切中心线，如图 2-6 所示，所绘制的公切线为最靠近拾取点的切线。

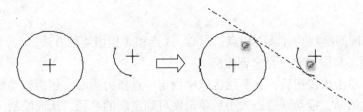

图 2-6　绘制公切中心线

2.2.2　矩形

Creo 4.0 中矩形的绘制方法分为拐角矩形、斜矩形、中心矩形和平行四边形 4 种。

▢：拐角矩形，即通过两个互为对角的点创建矩形。

操作步骤：单击该按钮后，在草绘区域中的某一位置单击，此位置即为矩形一个角的端点，然后移动鼠标产生一个动态矩形，将矩形拖动到适当大小后单击，确定矩形的另一个端点，从而绘制出一个矩形。系统会自动标注与矩形相关的尺寸和约束条件。单击鼠标中键结束矩形的绘制，如图 2-7 所示。

◇：斜矩形，即通过两点创建斜向矩形。

操作步骤：单击该按钮后，在草绘区域选择两点，然后将矩形拖动到适当大小后单击，即可创建一个斜矩形。选择的两点为矩形同一侧的点，斜矩形可自由定向，如图 2-8 所示。

▢：中心矩形，即通过选择中心并向外拖动来创建矩形。

操作步骤：单击该按钮后，选择一点作为矩形的中心，然后拖动矩形到适当大小，一个中心矩形便创建完成了，如图 2-9 所示。

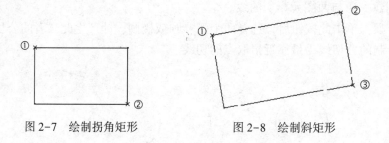

图 2-7　绘制拐角矩形　　　　　图 2-8　绘制斜矩形

◻：平行四边形，即通过选择同一侧的两个顶点来创建平行四边形。

操作步骤：单击该按钮后，在草绘区域选择两个点，拖动矩形到适当大小后单击，平行四边形即创建完成（平行四边形可自由定向），如图 2-10 所示。

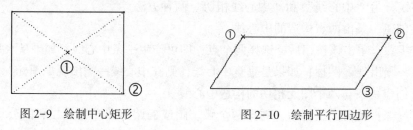

图 2-9　绘制中心矩形　　　　　图 2-10　绘制平行四边形

2.2.3　圆

Creo 4.0 中圆的绘制共有圆心和点、同心、3 点和 3 相切 4 种方法。

◎：通过圆心和圆周上一点来创建圆。

操作步骤：单击该按钮后，在草绘区域中指定一点作为圆心，然后移动鼠标，将产生一个半径不断变化的圆，拖动到适当大小后单击便可确定圆的半径，从而绘制一个圆。系统会自动标注圆的直径尺寸，单击鼠标中键，结束圆的绘制，如图 2-11 所示。

◎：画同心圆，即通过参考圆与新圆周上的一点来创建圆。

操作步骤：单击该按钮后，选中一圆或圆弧边线，此圆或圆弧的圆心或弧心即为新圆的圆心；然后移动鼠标将产生一个半径不断变化的同心圆，拖动同心圆到适当大小后单击，便可确定圆的半径，即可产生圆。移动鼠标连续单击可绘制多个同心圆，如图 2-12 所示。单击鼠标中键即可终止同心圆的绘制。

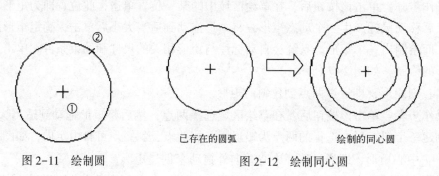

图 2-11　绘制圆　　　　　图 2-12　绘制同心圆

◎：通过选择 3 点来画圆。

操作步骤：单击该按钮后，在草绘区域选择 3 个点，即可产生通过此 3 点的圆，如图 2-13 所示。

◎：3 相切画圆，即通过与 3 个图元相切来画圆。

操作步骤：单击该按钮后，在草绘区域选择已存在的 3 个弧、圆或直线，即可创建与 3 个图形相切的圆，如图 2-14 所示。

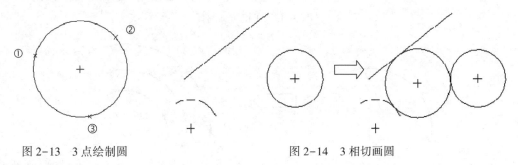

图 2-13　3 点绘制圆　　　　　　图 2-14　3 相切画圆

2.2.4　圆弧

Creo 4.0 中圆弧的绘制共有通过 3 点/相切端、圆心和端点、3 相切、同心及圆锥 4 种绘制方法。

◞：3 点/相切端，即通过选择弧的两端点及弧上一点来绘制圆弧。

操作步骤：单击该按钮后，在草绘区域选择圆弧的起点①及终点②，然后移动光标，确定出圆弧上的点③，如图 2-15 所示。单击鼠标中键即终止圆弧的绘制。

◝：圆心和端点，即通过圆弧的圆心和两个端点来绘制圆弧。

操作步骤：单击该按钮后，在草绘区域选择圆弧的圆心①，然后选择起点②和终点③，即可画出圆弧。如图 2-16 所示。单击鼠标中键即终止圆弧的绘制。

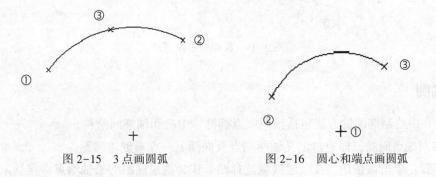

图 2-15　3 点画圆弧　　　　　图 2-16　圆心和端点画圆弧

◥：3 相切，即通过与 3 个图元相切来创建圆弧。

操作步骤：单击该按钮后，依次选中弧、圆或直线，即可创建与其相切的圆弧。单击鼠标中键即终止命令，如图 2-17 所示。

◟：同心，即创建与参考圆或圆弧同心的圆弧。

操作步骤：单击该按钮后，在草绘区域选择已有的圆或圆弧以确定圆心，然后移动光标，以鼠标左键定出圆弧起点①，再移动鼠标，定出圆弧的终点②，即可画出圆弧，如

图 2-18 所示。单击鼠标中键即终止命令。依照此步骤,继续绘出弧③。

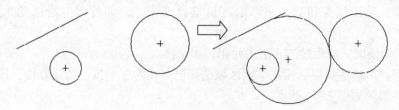

图 2-17　3 相切画圆弧

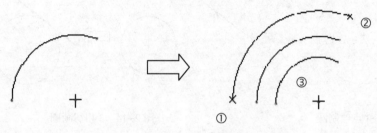

图 2-18　绘制同心圆弧

　　🖉：圆锥,即通过选择两个端点并拖动圆弧来创建圆锥弧。

　　操作步骤:单击该按钮后,选择两点作为弧的端点,拖动圆弧到合适位置后单击,圆锥弧即绘制完成,如图 2-19 所示。单击鼠标中键即结束绘制命令。

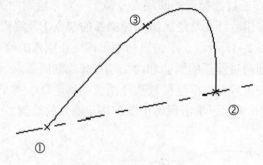

图 2-19　绘制圆锥弧

2.2.5　椭圆

Creo 4.0 中绘制椭圆的方法包括轴两端点椭圆、中心和轴椭圆两种。

　　⬭：轴两端点椭圆,即通过定义轴两端点及椭圆上一点来创建椭圆。

　　操作步骤:单击该按钮,在草绘区域选择两点作为创建椭圆的长轴端点,拖动鼠标则椭圆大小不断变化,在合适的大小单击,椭圆即创建完成,如图 2-20 所示。单击鼠标中键即结束命令。

　　⬭：中心和轴椭圆,即通过定义中心和轴的一个端点及椭圆上一点来创建椭圆。

　　操作步骤:单击该按钮,在草绘区域选择椭圆中心,再确定另一点作为轴的端点,拖动鼠标则椭圆大小随之变化,在合适的位置单击,椭圆即创建完成,如图 2-21 所示。单击鼠标中键即结束命令。

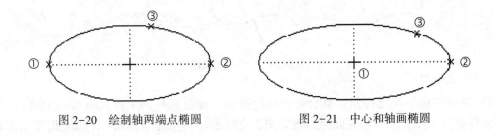

图 2-20　绘制轴两端点椭圆　　　　　　图 2-21　中心和轴画椭圆

2.2.6　样条曲线

Creo 4.0 中样条曲线主要用来画一些形状不规则、外形圆滑的造型曲线。

∿：即创建一条样条曲线。

操作步骤：单击该按钮后，在草绘区域依次单击确定若干个点，即可产生通过这些点的曲线，如图 2-22 所示。单击鼠标中键即终止样条曲线的绘制。

图 2-22　绘制样条曲线

2.2.7　偏移

▯：偏移，即将选中的图元按照指定的方向偏移指定的距离。

操作步骤：单击该按钮，草绘区域即会出现如图 2-23a 所示的"类型"对话框，其中"单一"表示选择单一的图元，包括直线、圆或圆弧等；"链"表示通过选择两个图元来形成一个链；"环"表示选择一个图元来指定图元环。下面分别对这 3 个单选按钮进行讲解。

1）选择"单一"单选按钮，选取要偏移的图元，即出现如图 2-24 所示的箭头，即为系统默认的偏移方向，如果偏移方向与箭头所指方向相同，在出现的图 2-23b 所示的文本框中输入偏移距离，如果方向相反，输入负号加偏移距离，单击✔按钮，则偏移图元操作完成。

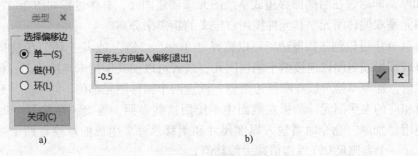

a)　　　　　　　　　　　　　　　　b)

图 2-23　偏移操作

a）选择偏移边　b）输入偏移距离

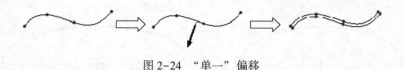

图 2-24 "单一"偏移

2）选择"链"单选按钮，草绘命令行会提示"通过选择两个图元指定一个链"，单击需要偏移的两个图元，草绘界面会出现如图 2-25a 所示"菜单管理器"（如果此图元为非封闭图形，则不会出现此菜单管理器），如果还存在需偏移的图元，则单击下一个图元；单击"接受"按钮。在出现的对话框中输入偏移距离，如果向反方向偏移，则可以输入负号调整方向，单击✓按钮，完成偏移，如图 2-25b 所示。

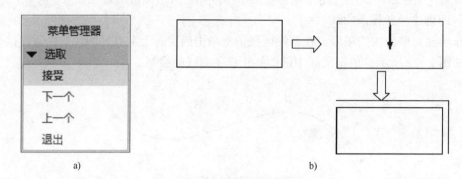

图 2-25 "链"偏移的菜单管理器和操作
a）菜单管理器　b）"链"偏移操作

3）选择"环"单选按钮，命令行出现"选择一个图元来指定环"，选择一个需偏移的图元，输入偏移距离，单击✓按钮，完成偏移，如图 2-26 所示。

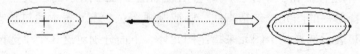

图 2-26 "环"偏移操作

2.2.8　加厚

：加厚，即通过在两侧偏移边或草绘图元来创建图元，具体过程如图 2-27 所示。
加厚图元是双偏移图元，其元件按用户定义的距离来分离。

在 Creo 4.0 中可以创建加厚边，可以选择"单一""链"或者"环"单选按钮，也可以添加平整或圆形端封闭以连接两个偏移图元，或者可以使其保持未连接状态。根据输入的偏移和厚度值，加厚草绘可以在参照边两侧，或这两个偏移图元都位于同一侧。删除加厚边时，会保留相应的参照图元。如果在截面中不使用这些参照，退出"草绘器"时系统会将其删除。使用"加厚"命令时需输入厚度尺寸和偏移尺寸。生成的草绘有两个强尺寸（厚度和偏移）和一个参照尺寸（厚度值减去偏移值）。

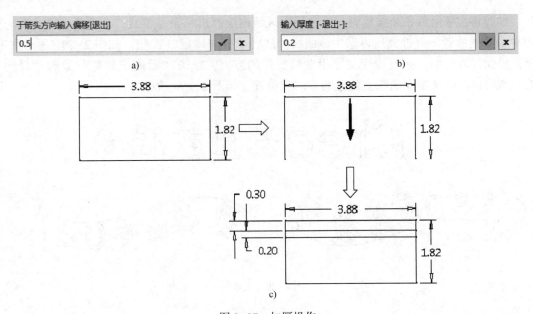

图 2-27　加厚操作

a）输入偏移距离　b）输入厚度　c）加厚边

2.2.9　文本

🔤A：文本，即在图元上添加文本。

操作步骤：单击该按钮后，将鼠标移动到草绘区域内，会有一点紧随鼠标，单击鼠标左键后由下向上拉出一直线，直线的长度代表文字的高度，直线的角度代表文字的方向，之后弹出如图 2-28 所示的"文本"对话框。

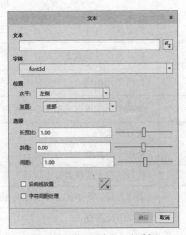

图 2-28　"文本"对话框

在对话框的"文本"文本框中输入要写的文字；在"字体"下拉列表中选择需要的字体类型；在"位置"选项组设置文本字符串起始点的对齐方式；在"选项"选项组设置文字的长宽比例，以及斜角、间距。完成以上设置后，单击对话框中的"确定"按钮，即产生文字，如图 2-29a 所示。

如要将文字沿某条曲线放置，可在绘图区域内绘制出一条基准线，再选择"文本"，选中"沿曲线放置"复选框后再选中该曲线，然后单击"确定"按钮。如图 2-29b 所示文字就是沿曲线放置的。如要改变文字沿曲线放置的方向，单击"沿曲线放置"旁的"反向"按钮就可以改变文字在曲线上放置的方向和位置，如图 2-29c 所示。

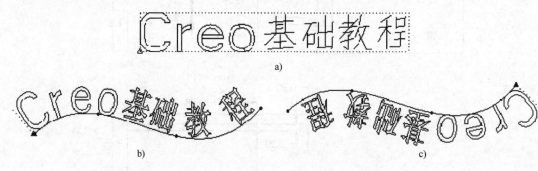

图 2-29 文本

2.3 约束

约束是 Creo 零件设计中一种重要的设计工具，它可建立图元之间特定的几何关系，如两直线相互平行、两图元相切，以及使直线垂直、水平等。下面主要介绍几何约束的类型和几何约束的使用方法。

表 2-1 约束类型和功能

约束类型	按　　钮	功　　能
竖直	＋	使直线竖直
		使两顶点沿竖直方向对齐
相切	♀	使两图元相切
对称	⇥⇤	使两个点或顶点关于中心线对称
水平	＋	使直线水平
		使两个顶点沿水平方向对齐
中点	＼	将点放置于线或圆弧中点处
相等	＝	创建等长、等半径、等尺寸或相同曲率约束
垂直	⊥	使两图元垂直
重合	⊸	在同一位置上放置点、在图元上放置点或创建共线约束
平行	∥	使两直线平行

＋：竖直。

操作步骤：单击约束工具栏中的＋按钮，再单击需要添加竖直约束的图元即可，如图 2-30 所示。

22

∅：相切。

操作步骤：单击约束工具栏中∅的按钮，在草绘区域内选择要添加相切约束的两图元，即可完成约束，如图 2-31 所示。

图 2-30　竖直约束　　　　　　　　图 2-31　相切约束

⊣⊢：对称。

操作步骤：单击约束工具栏中⊣⊢按钮，在草绘区域内依次选择要添加对称约束图元的对称点①②和对称中心轴线，然后重复，再拾取③点和④点，选择对称轴，即可完成约束。在对图元进行对称约束时，必须使用中心线作为图元的对称轴，否则无法实现对称约束，如图 2-32 所示。

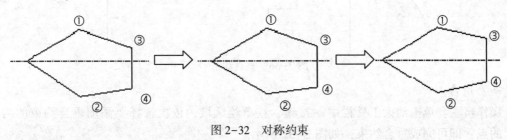

图 2-32　对称约束

十：水平。

操作步骤：单击约束工具栏中十按钮，在草绘区域内选择要添加水平约束的图元，即可完成水平约束，如图 2-33 所示。

图 2-33　水平约束

＼：中点。

操作步骤：单击约束工具栏中的"中点"按钮，在草绘区域内选择要添加约束的图元上的点，即可完成中点约束，如图 2-34 所示。分别选择斜线上侧端点和水平直线，将斜线端点约束到水平直线的中点。

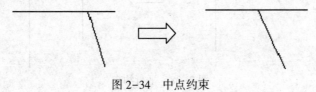

图 2-34　中点约束

≡：相等。

操作步骤：单击约束工具栏中≡按钮，在草绘区域内依次选择要添加相等约束的图元①②③，即可使线条①②③等长，完成相等约束，如图 2-35 所示。

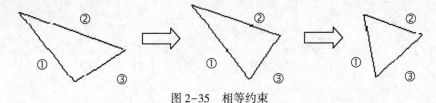

图 2-35　相等约束

⊥：垂直。

操作步骤：单击约束工具栏中⊥按钮，在草绘区域内依次选择要添加垂直约束的图元，即可完成垂直约束，如图 2-36 所示。

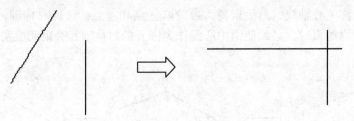

图 2-36　垂直约束

⊸：重合。

操作步骤：单击约束工具栏中⊸按钮，在草绘区域内依次选择要添加重合约束的两图元上的点，即可完成重合约束，如图 2-37 所示。

图 2-37　重合约束

∥：平行。

操作步骤：单击约束工具栏中∥按钮，在草绘区域内选择要添加平行约束的两图元，即可完成平行约束，如图 2-38 所示。

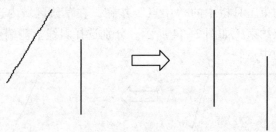

图 2-38　平行约束

24

2.4 选项板

图 2-39 "草绘器选项板"对话框

: 选项板用于从调色板向活动对象导入形状。

操作步骤: 单击调色板后出现"草绘器选项板"对话框, 如图 2-39 所示。该对话框中包括"多边形""轮廓""形状"和"星形"选项卡, 每个选项卡中包含相应的轮廓图形, 用户可以根据需要从中选择自己需要的图形, 双击选项卡中的图形, 可以在对话框的窗口中预览该图形, 再将鼠标移到绘图区域, 此时鼠标的下方附着"+"符号, 在指定位置单击, 则可将图形添加到此处, 如图 2-40 所示 (也可选择某图形后拖曳到绘图区)。

在添加图形的同时弹出如图 2-40a 所示的"导入截面"选项卡, 设定旋转角度和缩放比例, 单击✔ (✔接受, ✖不接受) 按钮退出对话框。添加的图形如图 2-40b 所示。

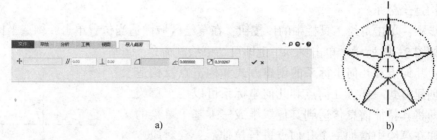

a)   b)

图 2-40 绘制五角星

2.5 图形编辑

在 Creo 4.0 中, 编辑就是对图元的相关元素进行二次加工, 包括修改、删除段、镜像、拐角、分割、旋转调整大小等。下面针对几种主要工具的操作步骤进行说明。

2.5.1 构造线

构造线就是画图时的辅助线, 本身并不构成转换图形。在由草绘转换成零件时, 不能够进行拉伸、旋转等操作, 或者说在实体零件中其并不存在。在 Creo 4.0 中, 创建构造线的方法包括构造模式、构造中心线、构造点及构造坐标系。

: 构造模式, 即绘制图元时, 新创建的图元由基准模式切换为构造模式。如图 2-41 所示, 构造图元呈虚线样式。构造图元不参与后续操作, 仅用作参考。

操作步骤: 单击工具栏中该按钮, 再单击图元绘制按钮, 按照上文所介绍的绘制方式进行绘制, 绘制的对象即构造图元。

: 构造中心线。

操作步骤: 单击草绘工具栏中的该按钮, 在草绘区域单击两点即可创建一条经过这两点的构造中心线。

25

⊥：构造中心线相切，即创建一条与两个图元相切的中心线。

操作步骤：单击草绘工具栏中的该按钮，在草绘区域内依次在弧、圆或椭圆上选择切点位置，即可创建与之相切的构造中心线。单击鼠标中键即可结束绘制命令，如图 2-42 所示。

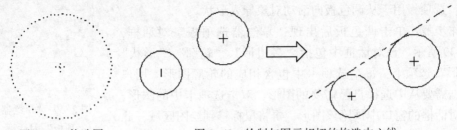

图 2-41　构造圆　　　　　　　图 2-42　绘制与图元相切的构造中心线

⊠：构造点。

操作步骤：单击草绘工具栏中的 ⊠ 按钮，在草绘区域内适当位置单击，构造点即创建完成。单击鼠标中键即可结束绘制命令。

↳：构造坐标系。

操作步骤：单击草绘工具栏中的该按钮，在草绘区域内适当位置单击，构造坐标系即创建完成，如图 2-43 所示。单击鼠标中键即可结束绘制命令。

注意：几何点和几何坐标系的创建方式和构造点及构造坐标系的创建方式一样。几何点和几何坐标系可以用于草绘器之外，即将其特征信息传递到其他二维或三维基于草绘的特征中。如在草绘中增加一个几何点进行拉伸后，会对应产生一条轴线。

普通图元和构造图元之间可以通过单击"构造"菜单或按〈Ctrl+G〉组合键进行转换。

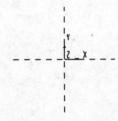

图 2-43　绘制构造坐标系

2.5.2　删除段

⤴：删除段，即修剪草绘图元，是 Creo 4.0 中常用的一种修剪方式，使用该方式可以很方便地删除图形中不需要的图元。

操作步骤：单击该按钮后，在草绘区域内单击需要修剪的图元或者按住左键在其上拖动鼠标来修剪。用动态方式进行修剪时，屏幕上会高亮显示鼠标的拖动轨迹曲线，同时与鼠标移动轨迹相交的图元也会用红色高亮显示。释放鼠标左键，即可删除与鼠标移动轨迹相交的图元，如图 2-44 所示。

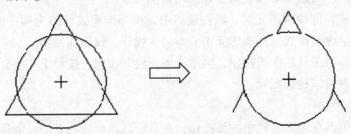

图 2-44　删除段

2.5.3 镜像

⚞:镜像。对于对称图形,可以先画一半,然后用"镜像"命令将其镜像得到另一半。

操作步骤:选择要镜像的对象(如果有多条线可同时按〈Ctrl〉键进行选择),再单击编辑工具栏中的"镜像"按钮,选择对称中心线作为镜像的基准线(如果草绘区域中没有对称中心线,则用户应在进行镜像操作前画一条中心线作为镜像基准中心线),则所选的线条即被镜像至中心线另一侧,如图 2-45 所示。

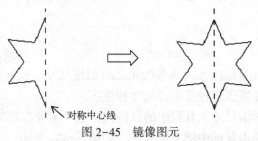

图 2-45　镜像图元

2.5.4 分割

⚟:分割,即在拾取点的位置分割图元。如果要将一个图元分割成几段,则可用"分割"命令。

操作步骤:单击该按钮后,单击图元上要分割的位置即可。单击鼠标中键即可终止图元分割操作。

2.5.5 旋转调整大小

⚟:旋转调整大小,即平移、旋转和缩放选定图元。

操作步骤:选中要进行旋转缩放的图元,单击编辑工具栏中的该按钮,即会出现"旋转调整大小"选项卡,如图 2-46 所示。在各个文本框中输入旋转、缩放、平移的倍数即可,单击 ✔(✔接受,✘不接受)按钮退出选项卡。旋转调整大小示例如图 2-47 所示。

图 2-46　"旋转调整大小"选项卡

图 2-47　旋转调整大小示例

2.6 尺寸标注和修改

Creo 4.0 是参数化软件，其二维草绘图形和三维立体模型均是尺寸驱动而成的。在构建图元后，系统会自动标注所建图元的大小和相对位置等尺寸。系统在图元中默认标注的尺寸显示为灰色，称为弱尺寸，自动标注的尺寸有时候不能满足设计的要求，这时需要用户自己手动标注尺寸，手动标注的尺寸会清晰地显示，称为强尺寸。下面介绍手动标注尺寸的方法。

2.6.1 尺寸标注

⊢⊣：尺寸标注，即在草绘图元或参考图元之间创建尺寸。尺寸标注分为长度尺寸标注、角度尺寸标注，以及圆和圆弧直径及半径尺寸标注等。

标注长度尺寸时，单击尺寸工具栏中的该按钮，选中需要标注的图元，移动鼠标到合适位置以确定标注位置，单击鼠标中键完成标注，如图 2-48a 所示。

标注角度尺寸时，和长度尺寸标注操作相类似，依次选择两条线段，单击鼠标中键确定尺寸位置，如图 2-48b 所示。

如果要标注曲线的夹角，则先单击曲线，再单击它们的交点，再单击另一条线，然后在尺寸摆放位置单击鼠标中键，如图 2-48c 所示。

标注圆或圆弧半径时，单击圆弧，单击鼠标中键确定尺寸位置，如图 2-48d 所示。

标注直径时，须在弧线同一位置双击，再按鼠标中键确定尺寸位置，如图 2-48e 所示。

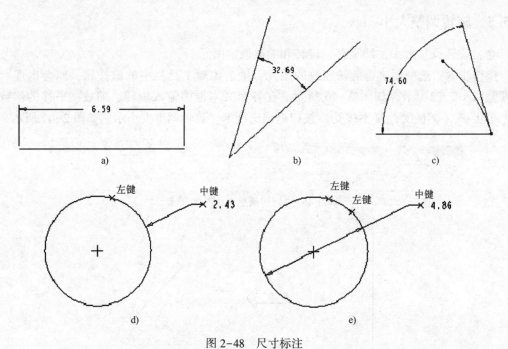

图 2-48 尺寸标注

a）长度标注 b）直线角度标注 c）曲线角度标注 d）半径标注 e）直径标注

：周长标注，即标注出图元中链或环的总长度尺寸，具体来说，就是将某一尺寸设置为变量，通过修改周长的尺寸，来满足设计需要，要注意的是选择的图元必须由周长驱动尺寸。

操作步骤：单击尺寸工具栏中的该按钮，出现如图 2-49 所示的"选择"对话框，按住〈Ctrl〉键，依次选择图元，单击"确定"按钮，再选择由周长尺寸驱动的尺寸，将其设定为变量，修改周长尺寸，系统自动改变变量值，如图 2-50 所示。

图 2-49 "选择"对话框

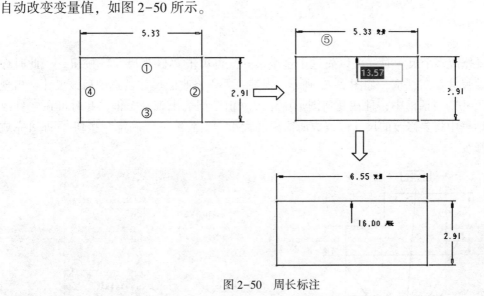

图 2-50 周长标注

：基线尺寸，即创建基线尺寸，以及与其相关的纵坐标尺寸。

操作步骤：单击该按钮，选择某一边为基准，单击鼠标中键，再单击 ↦ 按钮，依次修改尺寸标注即可，如图 2-51 所示。

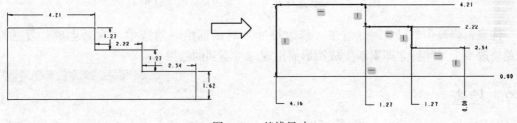

图 2-51 基线尺寸

2.6.2 尺寸修改

在草绘图元的过程中，图元的尺寸往往不是设计所需要的大小，此时需要修改尺寸的数值，以便图形大小正确。

操作步骤：移动光标到要修改的尺寸上，该尺寸会高亮显示，双击该尺寸值，在出现的尺寸文本框中输入新尺寸，按〈Enter〉键即可修改尺寸，如图 2-52a 所示。修改尺寸后，图形会按照新的尺寸更新。如图 2-52b 所示。

29

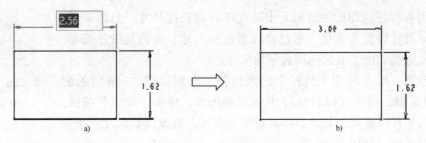

图 2-52　尺寸修改

a）修改前　b）修改后

当需要修改多个尺寸时，可以先选中多个尺寸，再单击"修改尺寸"按钮，此时会出现"修改尺寸"对话框，如图 2-53 所示。当某一需要修改的尺寸被选中后该尺寸会出现在"修改尺寸"对话框中，且在几何图形中该尺寸值四周会出现一个框，此时可在"修改尺寸"对话框中将要修改的尺寸修改成所需的大小，然后单击"确定"按钮，即可完成多尺寸的修改。

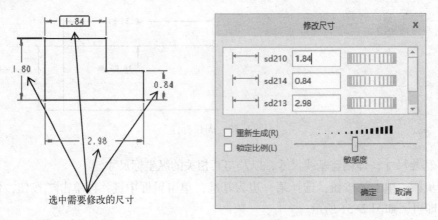

图 2-53　修改多个尺寸及"修改尺寸"对话框

注意：修改多个尺寸时，请在"修改尺寸"对话框中取消选中"重新生成"复选框，避免修改一个尺寸后立即重新生成图形而出现意想不到的结果。

2.7　检查

检查是指对绘制完成的图形进行审查核对，包括重叠几何、突出显示开放段、着色封闭环等命令。另外，在"检查"菜单中，可以选择"交点""相切点"和"图元"命令。再选中需要检查的对象，就会出现"信息窗口"，其中详细介绍了选中对象的相关信息，如图 2-54 所示。

图 2-54　信息窗口

：重叠几何，即突出显示重叠的图元，便于查找重叠图线。

：突出显示开放端，即突出显示只属于一个图元的草绘图元顶点。"突出显示开放端"命令便于检查未封闭图形。

操作步骤:单击工具栏中的"突出显示开放端"按钮,草绘区域中未封闭图元开放端顶点便会突出显示,如图 2-55 所示。

▦:着色封闭环,就是将由封闭链限制且不与其他图元重叠的草绘图元区域着色。

操作步骤:单击工具栏中的▦按钮,草绘区域中的封闭环便都会着色显示,如图 2-56所示。

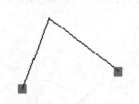

图 2-55　突出显示图元开放端

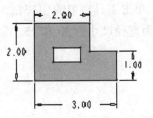

图 2-56　着色显示封闭环

2.8　实例

2.8.1　绘制压盖草图

绘制如图 2-57 所示的压盖草图。

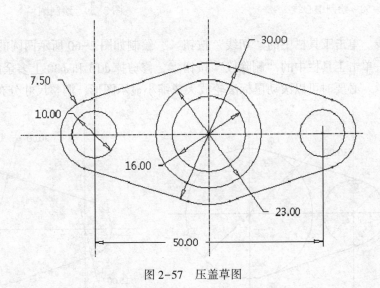

图 2-57　压盖草图

图 2-57 所示的压盖草图包含直线、圆、圆弧,下面具体介绍其绘制过程。

(1) 新建草绘文件

启动 Creo 4.0 后,打开工作界面左侧的工作目录,在中间主窗口选择要存放文件的盘符(如 D 盘)并打开,在 D 盘中右击,选择"新建文件夹"命令,在弹出的对话框中,在"新建目录"文本框中输入"压盖草图绘制",单击"确定"按钮完成工作目录的设置。然后在工具栏上单击"新建"按钮，打开"新建"对话框。再在对话框的"类型"选项组中，选择"草绘"单选按钮，并在"名称"文本框中输入草绘文件的名称"yagaicaotu"，然后单击"确定"按钮，即可进入草绘工作界面。

（2）草绘几何图形

1）画中心线。单击工具栏中的 ⋮ 按钮，在草绘区域中绘制如图 2-58 所示的一条水平中心线及两条垂直中心线，并修改两垂直中心线间的距离为 25。

2）画圆。单击工具栏中的 ⊚ 按钮，以中心线的交点为圆心，绘制如图 2-59 所示的两圆，然后修改为直径尺寸为 30 和 15。

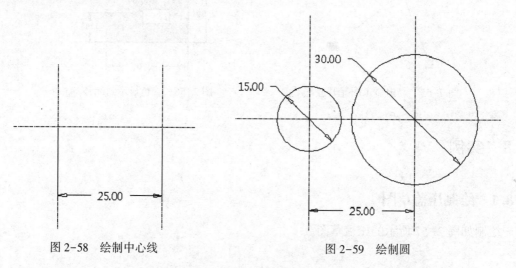

图 2-58　绘制中心线　　　　　　　　　图 2-59　绘制圆

3）画切线。单击工具栏中的"切线"按钮 ⌧，绘制如图 2-60 所示两圆的切线。

4）修剪。单击工具栏中的"删除段"按钮 ⊱，修剪掉 φ15 和 φ30 上多余的圆弧，结果如图 2-61 所示。必要时可以滚动鼠标滚轮放大或缩小显示图形，调整尺寸分布。

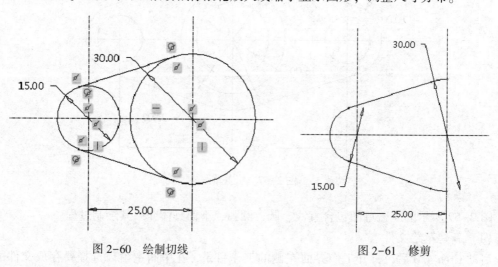

图 2-60　绘制切线　　　　　　　　　图 2-61　修剪

5）画同心圆。单击工具栏中的"同心圆"按钮 ⊚，画 φ15 的同心圆 φ10，以及 φ30 的同心圆 φ23 和 φ16，如图 2-62 所示。

6）镜像。按住〈Ctrl〉键同时选择φ15圆弧和φ10圆及两条切线和φ30两圆弧，单击工具栏中的"镜像"按钮，选择右侧垂直中心线作为镜像的轴线，则所选的图元即被镜像至中心线右侧，如图2-63所示。

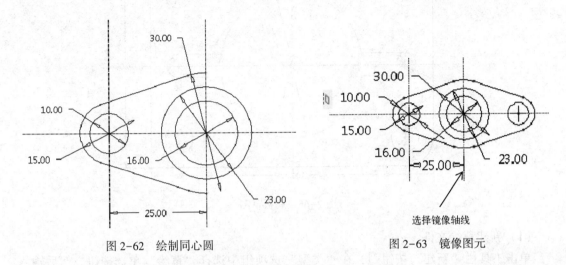

图2-62　绘制同心圆　　　　　　　　　图2-63　镜像图元

7）标注φ10两圆的中心距为50。单击工具栏中的"尺寸标注"按钮，选择两φ10圆的圆心后，将鼠移动到要放置尺寸的位置单鼠标中键，出现如图2-64所示的"解决草绘"对话框，图形中25和50两尺寸高亮显示，对话框中提示"突出显示的2个尺寸存在冲突，请选择一个将其删除或进行转换"，选择对话框中的"尺寸sd1＝25"，然后单击"删除"按钮，再按鼠标中键，完成压盖草图的绘制，如图2-57所示。

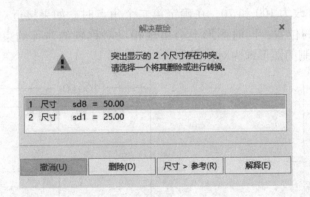

图2-64　"解决草绘"对话框

（3）保存草绘文件

单击工具栏中的"保存"按钮，弹出"保存对象"对话框，在对话框中直接打开了开始所建的文件夹，单击对话框中的"确定"按钮保存草绘图形。

2.8.2　绘制底板草图

绘制如图2-65所示的底板草图。

下面具体介绍图2-65所示的底板图形的绘制过程。

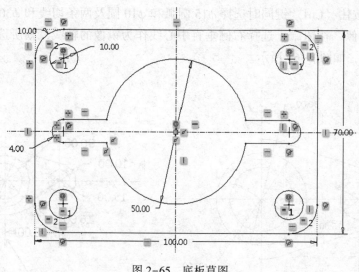

图 2-65　底板草图

（1）新建草绘文件

单击工具栏"新建"按钮，在"类型"选项组中选择"草绘"单选按钮，然后输入草绘名称 diban，再单击"确定"按钮。

（2）草绘几何图形

1）画两条相互垂直的中心线。单击工具栏中的 按钮，在草绘区域中绘制如图 2-66 所示的两条中心线。

2）画矩形。单击工具栏中的 按钮，绘制如图 2-67 所示的左右对称且上下对称的矩形，并将矩形的尺寸改为 100 和 70。在确定第二个角点时，如果接近对称大小，则会自动被"吸引"到对称的位置，同时图形上会出现相对对称轴的对称约束符号（相向的两箭头）。此时单击，绘制的图形即为对称图形。

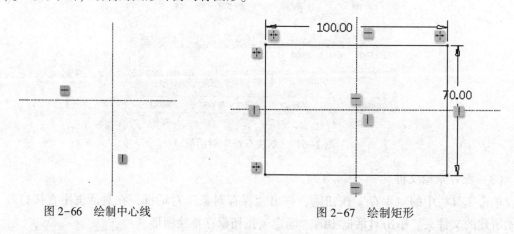

图 2-66　绘制中心线　　　　　　　　图 2-67　绘制矩形

3）画 R10 的圆角。单击工具栏中的 按钮，绘制如图 2-68a 所示的适当大小的 4 个圆角，并将其中一个圆角半径改为 R10，如图 2-68b 所示。再单击"相等"约束按钮，选取 R10 圆角后选其他 3 个圆角，使 4 个圆角的半径都相等，此时只在原 R10 的圆角上显示半径大小，其他 3 个圆角上显示相等的约束符号。单击"对称"约束按钮，选择图 2-68c

34

所示的竖直中心线及 $R10$ 圆弧端点 a 和 b，使两端点相对竖直中心线对称，再选择水平中心线及 $R10$ 端点 b 和 c 使两点相对于水平中心线对称，结果如图 2-68d 所示。

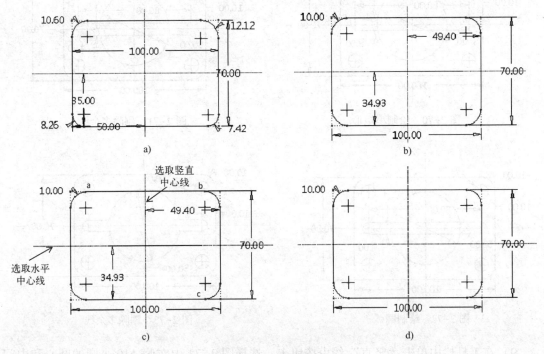

图 2-68　绘制圆角

4）画 $\phi10$ 的 4 个小圆和 $\phi50$ 的大圆。单击工具栏中的 ⊙ 按钮，以 $R10$ 圆弧的圆心为圆心绘制一个小圆，再单击要画的第二个圆的圆心，随着鼠标移动所要画的圆的半径增大，在已画好的圆上和正在画的圆上会同时出现两个相同的 $R2$ 符号，单击，所画的圆就和第一个圆一样大。同理，画出后面的两个圆。在第一个圆上将圆的直径尺寸改为 10，然后绘制 $\phi50$ 的大圆，如图 2-69 所示。

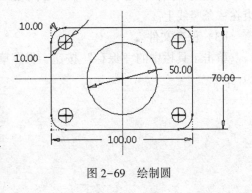

图 2-69　绘制圆

5）单击工具栏中的 □ 按钮，画左右对称且上下对称的长 80、高 8 的矩形，如图 2-70 所示。

6）选中刚绘制矩形左右两侧垂直线，按键盘上的〈Delete〉键，删除长 80 的矩形左右两竖线，如图 2-71 所示。

7）单击工具栏上的"圆弧"按钮 ⌒，选取长为 80 矩形左侧的两端点，移动光标，当圆弧与直线交界处显示出相切符号时单击，再单击鼠标中键结束左侧圆弧的绘制。同理绘出右侧圆弧，如图 2-72 所示。

8）单击工具栏上的"删除段"按钮 ✂，将中间矩形和圆上多余的部分删除，如图 2-73 所示。

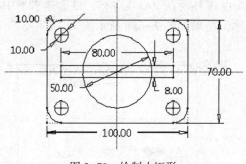

图 2-70　绘制小矩形

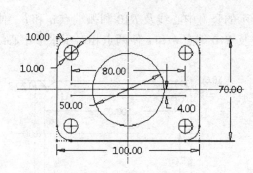

图 2-71　删除多余线

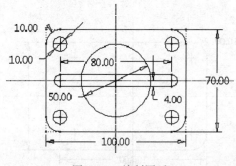

图 2-72　绘制圆弧

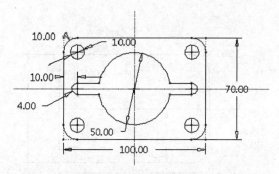

图 2-73　删除多余线

9）在工具栏中单击"竖直"约束按钮╋，选择图 2-73 中右侧 φ10 小圆的圆心和中间矩形右侧的半圆弧圆心，使 3 个圆心同在一条竖直线上。同理，使图中左侧的 3 个圆心也约束在一条竖线上。

（3）保存文件

单击工具栏中的"保存"按钮，保存草绘图形。

36

第3章 零件设计

零件建模是 Creo Parametric 的核心，组件及零件工程图等均是基于创建的零件模型完成的。零件建模其本质是通过各种特征的创建和编辑修改完成的。本章介绍零件设计的思路和特征的创建方法。

3.1 零件设计的思路和步骤

Creo 是一款基于特征操作的软件，因此在设计零件前，应对零件的总体结构进行分析，了解该零件由哪些特征组成，如拉伸特征、旋转特征、扫描特征、混合特征、孔特征、肋特征、倒圆角特征等，以及各特征之间的构建顺序。根据分析结果，在 Creo 中使用特征命令按照构建顺序将特征逐一创建出来，在创建过程中使用特征编辑命令对已创建的特征进行编辑操作，如复制、阵列、镜像等。

在进行零件设计时，一个零件模型可以通过多种途径创建，如图 3-1 所示，创建一个阶梯轴，尽管可以用不同的方法来完成模型的创建，但存在着方法优与劣的问题。图 3-1a 所示的方法只用了一个"旋转"命令就将模型创建出来了，而图 3-1c 所示的方法用了 4 个拉伸操作将模型创建出来。如何用最优的方法快速而又简便地将模型创建出来，这就涉及模型创建的思路和技巧问题。

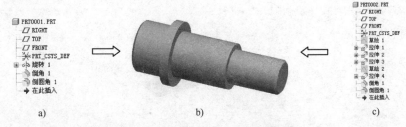

图 3-1 采用不同方法创建的模型

设计零件的注意事项如下。

1) 按照标准设置好工作环境，尤其是常用的参数配置文件，在设置好后要保存起来，供以后直接使用，避免重复修改。

2) 使用 Creo 进行零件设计时要养成一个良好的习惯，即将零件设计视为一个项目或一个工程，首先要为这个项目建立一个专用的文件夹，然后将该文件夹设置为当前工作目录。这样零件在设计过程中产生的各种文件将会一并保存到该文件夹中，有利于文件的管理。

3) 在设计零件之前应对零件结构进行分析，如该零件可以用哪些特征来完成。大部分结构可以用不同的特征来完成，应选择一个最简洁、快捷的方法。还要分析特征建立的顺序，特别是复杂的零件，更要考虑先做什么结构后做什么结构，以及用什么方法做，对这些问题做到心中有数。这对后面的结构完成很重要，如果有相同的结构，可以用特征编辑中的复制、阵列、镜像等操作命令快速实现，这样才能起到事半功倍的作用。

4）完成特征创建时，一次绘制的草绘图形尽量简单，避免出错。复杂的结构可以分多次完成。一旦草绘图形出现问题，需要利用 Creo 的提示信息、开放端点、重叠图元等提醒标志、截面阴影等查找问题，积累经验。

5）在零件设计过程中，要注意随时保存，以防失误操作或停电引起文件丢失。

3.2 特征简介

Creo 设计的三维零件是由不同的几何特征组合而成的，常用的几何特征包括：实体特征、曲面特征、曲线特征及基准特征。其中实体特征和曲面特征是 Creo 零件设计的核心内容，实体和曲面特征又可分为基本特征和工程特征两大类型。

- 基本特征：它包括拉伸、旋转、扫描、混合、扫描混合、螺旋扫描等形式。此类特征主要是由用户绘制出特征的二维截面，然后对此截面进行基本的几何操作，如拉伸、旋转、扫描、混合等，以完成实体或曲面的创建。
- 工程特征：它包括孔、壳、肋、拔模、倒圆角、倒角等形式。此类特征主要是由用户给定特征的"工程"资料，如圆孔直径、圆角半径、薄壳厚度等，以创建出特征的三维结构。

如图 3-2 所示为 Creo 4.0 建模界面。

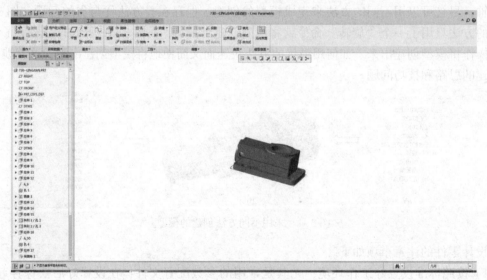

图 3-2　Creo 4.0 建模界面

3.3 基本特征

Creo 中常用的特征包括拉伸、旋转、扫描、混合、扫描混合、螺旋扫描。下面介绍这些常用特征的创建方法。

3.3.1 拉伸特征

在草绘平面上绘制一个二维截面后，让该截面沿垂直于草绘平面的方向拉伸一定的距离生成的三维实体或曲面，称为拉伸特征。它适用于构造截面的实体特征，如图3-3所示就是将左侧的二维草绘平面拉伸一定高度后生成的三维实体。

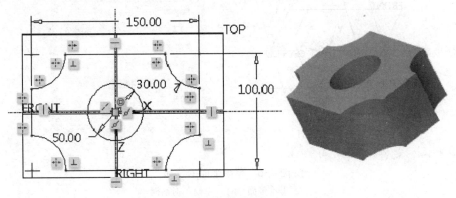

图3-3　拉伸特征

下面通过创建支架实体模型说明拉伸特征的创建过程。

1. 新建模型文件

1）单击工具栏中的"新建"按钮 ![icon]，在弹出的如图3-4所示的"新建"对话框中选择"零件"类型，并选择"实体"作为子类型，设置"名称"为"zhijia"，同时取消选中"使用默认模板"复选框。单击"确定"按钮继续。

2）如图3-5所示，在"新文件选项"对话框中选择"mmns_part_solid"选项，单击"确定"按钮进入零件设计模式（注意：mmns_part_solid中，mm：毫米，n：牛顿，s：秒，part：零件，solid：实体；一般mmns_part_solid模板符合我国的制图标准）。

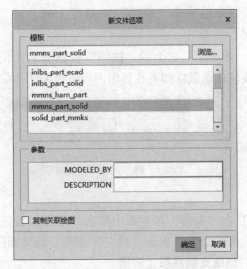

图3-4　在"新建"对话框中选择　　　　图3-5　"新文件选项"对话框
"零件"类型

2. 创建支架实体

1）如图3-6a所示，进入零件设计界面后会自动出现3个基准平面，选择一个基准平面作为草图绘制的平面，并通过设置参考平面和方向来控制视图方向。

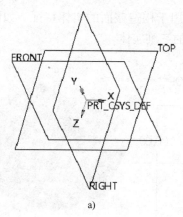

a)　　　　　　　　　　　　b)

图 3-6　草绘平面的选择

a）基准平面　b）"草绘"对话框

2）单击工具栏中的"草绘"工具按钮，弹出"草绘"对话框，如图 3-6b 所示。在绘图界面中选择 RIGHT 平面作为草绘基准平面（也可以通过模型树选择），使用默认参照平面及方向，单击"草绘"对话框中的"草绘"按钮，则系统进入二维草绘模式。

3）单击浮动工具栏中的"草绘视图"按钮，选择的定向草绘平面便与屏幕平行。

4）按照图 3-7 所示的图形绘制支架的二维草图，绘制好后单击"草绘"工具栏上的"确定"按钮 ✔。

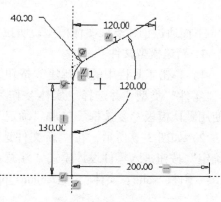

图 3-7　支架二维草图

5）单击工具栏上的"拉伸"按钮后，出现如图 3-8 所示的"拉伸"操控板。按住鼠标滚轮移动鼠标即可在界面内预览拉伸实体的几何形状。

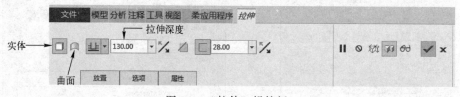

图 3-8　"拉伸"操控板

6）在"拉伸"操控板中单击"实体"按钮，输入拉伸深度 130，单击"加厚草绘"按钮，输入厚度 28，单击"确定"按钮，结果如图 3-9 所示。

3. 创建支架底板上的槽

1）单击工具栏上的"拉伸"工具按钮，出现"拉伸"操控板，如图 3-10 所示。单击操控板上的"去除材料"按钮，单击"实体"（默认值）按钮后单击"放置"按钮，在打开的"放置"选项卡中单击"定义"按钮，弹出"草绘"对话框，通过鼠标中键适当旋转模型，然后选择支架底面为草绘平面，单击"草绘"对话框中的"草绘"按钮，进入草绘环境。

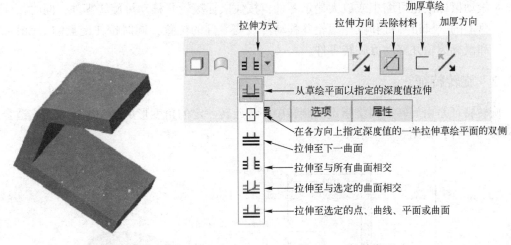

图 3-9　支架拉伸实体　　　　　　　　　　　　　图 3-10　拉伸类型

2）单击 参考 按钮，选择图 3-11 所示的最上、最右平面作为参考平面，并绘制槽的草图后，单击"确定"按钮✓，退出草绘器。

3）单击操控板上的"拉伸方式"下拉按钮箭头，选择 ，单击"确定"按钮✓，完成拉伸槽的创建，如图 3-12 所示。如要观察模型，可按住鼠标中键，移动鼠标从不同方向观察所建实体。如果要缩放模型，向下推动滚轮可放大模型，向上推动滚轮可缩小模型；如果要在绘图区域中移动模型，可同时按住〈Shift〉键和鼠标中键再移动鼠标；如果要在同一点旋转模型，可同时按住〈Ctrl〉键和鼠标中键再移动鼠标。

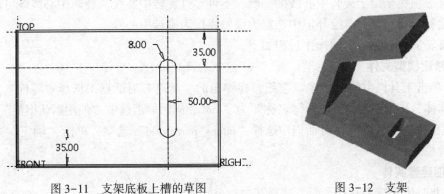

图 3-11　支架底板上槽的草图　　　　　　　　　图 3-12　支架

注意：

- 在创建基本特征时，用户必须先在某一草绘平面上绘制出二维草图作为特征的截面，方能创建出特征的三维几何模型。在上述过程中，草绘平面有 TOP、RIGHT、FORNT 三种，它们互相垂直，是用户绘制二维草图时的基准平面。用户在绘制草图时可自行选择 TOP、RIGHT、FORNT 中的一个面作为基准面。而定向参照平面用于决定零件的方向，定向参照平面须与草绘平面互相垂直。

- 在创建拉伸特征时，应先在操控板上指定拉伸特征为"实体"还是"曲面"（一般默认认为实体）。因为拉伸实体特征的草绘截面必须是封闭的，而拉伸曲面特征的草绘截面可以是开放的。

- 滚动鼠标滚轮可缩小或放大显示零件；按住鼠标滚轮并移动可旋转零件；同时按住键盘上的〈Shift〉键和鼠标滚轮并移动可改变零件的位置；同时按住键盘的〈Ctrl〉键和鼠标滚轮并移动可旋转零件。

3.3.2 旋转特征

旋转特征是由旋转截面绕指定的旋转中心线旋转一定的角度形成的一类特征，它适合构建回转体零件，如图 3-13 所示。

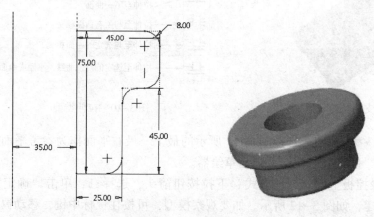

图 3-13　旋转特征

在创建旋转特征时，需要定义旋转截面和旋转中心线。旋转截面可以使用开放或封闭的图元，且必须完全位于旋转中心线的一侧，不可穿过旋转中心线。旋转中心线既可以在草绘环境中绘制，也可在非草绘环境中选定边或轴线作为旋转中心线。

以旋转方式创建实体的操作过程如下。

1. 新建模型文件

1）单击工具栏中的"新建"按钮，在弹出的"新建"对话框中选择"零件"类型，并选择"实体"作为子类型，设置"名称"为"tao"，同时取消选中"使用默认模板"复选框。

2）在"新文件选项"对话框中选择"mmns_part_solid"选项，单击"确定"按钮进入零件设计模式。

2. 创建套实体

1）此时出现三个基准平面，选择其中一个平面作为草绘平面。

2）单击工具栏中的"草绘"工具按钮，弹出"草绘"对话框，在绘图界面中选RIGHT 平面作为草绘基准平面，使用默认参照平面及方向，单击"草绘"对话框中的"草绘"按钮，则系统进入二维草绘模式。

3）绘制如图 3-14 所示的截面二维草图后，单击草绘工具栏上的"确定"按钮✔，退出草绘器。

4）单击工具栏上的"旋转"按钮✿，出现如图 3-15 所示"旋转"操控板。按住鼠标滚轮移动鼠标，即可在绘图区预览实体的几何形状。

5）在"旋转"操控板中输入旋转角度360°（系统默认），单击"确定"按钮✔，完成旋转套的创建，如图 3-14 所示。

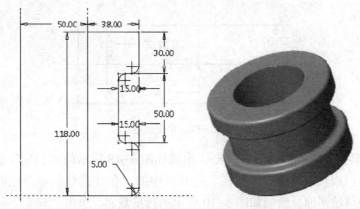

图 3-14 旋转套的二维草绘及实体

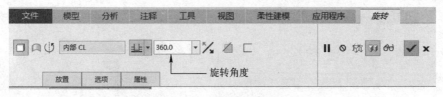

图 3-15 "旋转"操控板

3.3.3 扫描特征

在拉伸特征中,将拉伸特征的路径由垂直于草绘平面的直线推广成任意曲线,则可以创建形式更加丰富多样的实体特征,这就是下面要介绍的扫描特征。其实拉伸特征和旋转特征都可以看作是扫描特征的特例。拉伸特征的扫描轨迹是垂直于草绘平面的直线,而旋转特征的扫描轨迹是圆(弧)。

创建扫描特征需要定义两个基本要素:一个是扫描轨迹线;另一个是扫描截面。将扫描截面沿扫描轨迹线扫描后,即可创建扫描特征,如图 3-16 所示。

图 3-16 扫描特征

以扫描方式创建实体的操作过程如下。

1)进入零件设计模式(该步操作同前例)。

2)此时出现三个基准平面,选择其中一个平面作为草绘平面。

3)单击工具栏中的"草绘"工具按钮,弹出"草绘"对话框,在绘图界面中选 TOP 平面作为草绘平面,使用默认参照平面及方向,单击"草绘"对话框中的"草绘"按钮,则系统进入二维草绘模式。单击浮动工具栏中的"草绘视图"按钮 ,则定向草绘平面便与屏幕平行。

4)绘制如图 3-17 所示的扫描轨迹,单击"确定"按钮 ,退出草绘器。

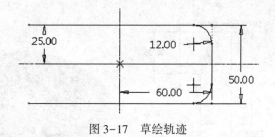

图 3-17　草绘轨迹

5）单击工具栏中的"扫描"按钮 ，出现如图 3-18 所示的"扫描"操控板，选择已绘制的图元作为扫描轨迹，单击"扫描"操控板中的"创建或绘制草绘截面"按钮 ，即进入扫描截面的草绘平面。绘制如图 3-19 所示的扫描截面，单击"确定"按钮 ，退出草绘器。

图 3-18　"扫描"操控板

6）单击"扫描"操控板中的"确定"按钮 ，完成实体扫描特征的创建，如图 3-20所示。

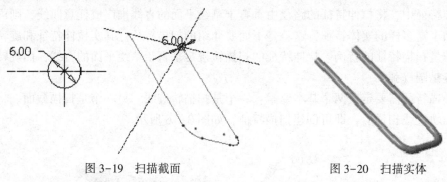

图 3-19　扫描截面　　　　　　　　　　图 3-20　扫描实体

3.3.4　混合特征

"混合"是将数个二维截面按一定的顺序混合连接在一起，形成一个实体或曲面。按截面连接方式不同，混合可分为平行混合和旋转混合两种形式。

（1）平行混合

平行混合是指所有的二维截面都是相互平行的，且是在同一个草绘平面上绘制的。当绘制一个截面后，需要通过右击，从弹出的快捷菜单中选择"切换剖面"命令，切换到另一个草绘截面的绘制状态。平行混合中的各个草绘截面的图元数必须相等。草绘截面间的空间关系由其间的深度值来决定。如图 3-21 所示。

下面以方圆接头为例说明创建混合实体的过程。

图 3-21　平行混合特征

1）单击"形状"下拉按钮，选择"混合"按钮 🖋，出现如图 3-22a 所示的"混合"操控板。

2）单击"截面"按钮，出现如图 3-22b 所示的面板，单击"定义"按钮，出现如图 3-23 所示的"草绘"对话框，选择 TOP 平面作为草绘平面，单击"草绘"按钮，按照图 3-24 绘制截面 1 后，单击"确定"按钮 ✔，退出草绘器。

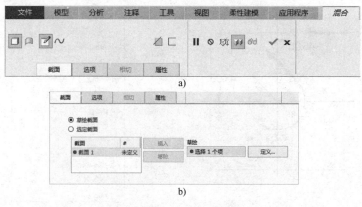

图 3-22　混合操作

a）"混合"操控板　b）"草绘截面"面板

图 3-23　"草绘"对话框

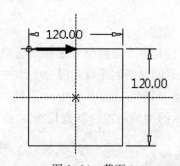

图 3-24　截面 1

3）单击操控板上的"截面"按钮，在如图 3-25 所示的面板中，选择"截面 2"，草绘平面位置定义方式选择"偏移尺寸"，输入偏移距离 200，单击"草绘"按钮，系统切换到第二个混合截面的绘制，同时第一个截面变为灰色显示。

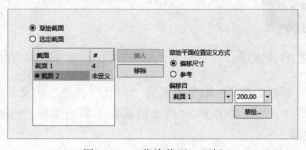

图 3-25　"草绘截面"面板

4）如图 3-26 所示在草绘区域中绘制第二个截面圆，然后单击工具栏中的“分割”按钮 ，将圆分割成与第一个截面边数相等的份数，也就是将圆分割成 4 份（每个截面中都有一个起始点，起始点上用箭头标明方向。分割时要使两截面的起始点对应，若不对应，可在截面 2 选择对应点后右击，在弹出的快捷菜单中选择“起点”命令使之对应，如图 3-26 所示，同时应该调整箭头的方向），绘制好的截面 2 如图 3-26 所示。

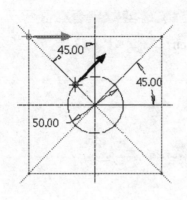

图 3-26 定义截面 2

5）完成截面 2 的绘制后，单击“确定”按钮 ，退出草绘器。

6）单击“混合”操控板上的“确定”按钮 ，完成平行混合实体的创建，如图 3-27 所示。

（2）旋转混合

旋转混合是多个截面绕着 Y 轴旋转混合而成，最大旋转角度为 120°。

下面以示例介绍创建旋转混合实体的过程。

1）单击“模型”选项卡中“形状”下拉菜单，选择“旋转混合”按钮 ，出现如图 3-28 所示的“旋转混合”操控板。

图 3-27 平行混合特征实体

图 3-28 “旋转混合”操控板

2）单击“截面”面板右侧草绘收集器后的“定义”按钮，定义截面 1。

3）进入草绘模式后，绘制如图 3-29 所示的截面 1 草绘图形。绘制完成后，单击“确定”按钮，退出草绘器。

4）打开“截面”面板，选择基准坐标系中的 Y 轴作为旋转轴，如图 3-30 所示。

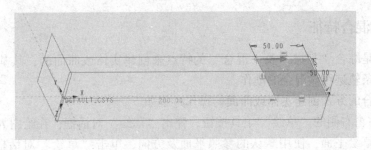

图 3-29　定义截面 1

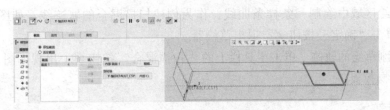

图 3-30　设置旋转轴

5）单击"截面"面板中的"插入"按钮，添加截面 2。如图 3-31 所示，选择草绘平面位置定义方式为偏移尺寸，偏移自"截面 1"，偏移角度为"90"，单击"草绘"按钮，定义截面 2。

6）绘制如图 3-32 所示截面 2 草绘图形，单击"确定"按钮，退出草绘器。

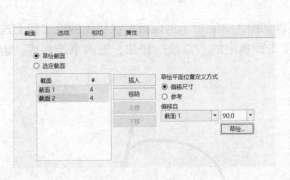

图 3-31　添加截面 2

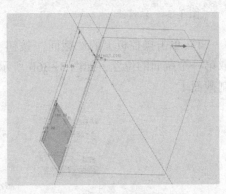

图 3-32　定义截面 2

7）单击"选项"面板，选择混合曲面为平滑连接。

8）单击"确定"按钮，完成旋转混合实体的创建，结果如图 3-33 所示。

图 3-33　旋转混合特征实体

47

3.3.5 扫描混合特征

扫描混合是综合"扫描"及"混合"的特点来创建实体或曲面的,其基本做法是将数个截面沿着一条轨迹线做混合的动作。

以扫描混合的方式创建实体或曲面的操作过程如下。

1) 单击主窗右侧的"草绘"工具按钮,弹出"草绘"对话框,在绘图界面中选择一个基准平面作为草绘平面,使用默认的参照平面及方向,单击"草绘"对话框中的"草绘"按钮,则系统进入二维草绘模式。

2) 在草绘区域中绘制一条样条曲线,作为创建扫描混合的轨迹线,如图3-34所示,绘制完成后单击"确定"按钮 ✔,退出草绘器。

3) 选中刚草绘的轨迹,单击工具栏上的"扫描混合"按钮 🖉,出现如图3-35所示的"扫描混合"操控板。

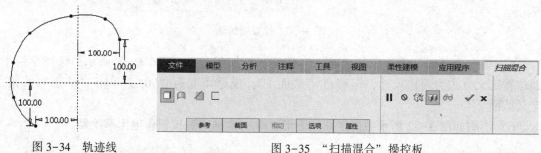

图3-34 轨迹线

图3-35 "扫描混合"操控板

4) 单击操控板上的"截面"按钮,出现如图3-36a所示的面板,在所画的轨迹线上选取第一个截面的位置,如图3-36b所示,单击面板中的"草绘"按钮,进入草绘环境,绘制截面1。

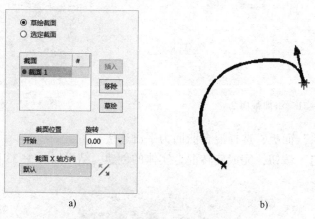

a)   b)

图3-36 "草绘截面"面板及截面1位置

5) 绘制完成如图3-37a所示截面1后,单击"确定"按钮 ✔,退出草绘器。

6) 在图3-36a所示的面板中单击"插入"按钮,"截面"列表框中出现"截面2",单击"草绘"按钮,绘制截面2。

7) 绘制完成如图3-37b所示的截面2后,单击"确定"按钮 ✔,退出草绘器。

8）在"扫描混合"操控板中输入旋转角度120°，单击"确定"按钮 ✓，完成扫描混合特征的创建，如图3-38所示。

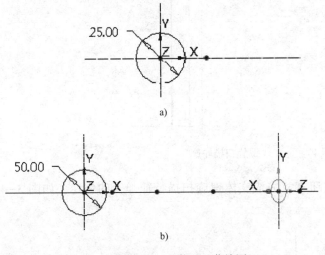

图3-37　截面1和截面2草绘图

a）截面1　b）截面2

图3-38　"扫描混合"特征实体

3.3.6　螺旋扫描特征

螺旋扫描是将二维截面沿着螺旋线进行扫描，以产生螺旋形的实体或曲面，如弹簧、螺纹等。

以螺旋扫描的方式创建实体或曲面的操作过程如下。

1）进入零件设计模式。

2）单击"扫描"下拉按钮，单击"螺旋扫描"按钮 ▦，出现如图3-39所示的"螺旋扫描"操控板。

图3-39　"螺旋扫描"操控板

3）单击"参考"按钮，出现如图3-40所示的面板，系统默认"截面方向"为"穿过旋转轴"，单击"螺旋扫描轮廓"中的"定义"按钮，选择任意平面作为草绘平面，绘制如图3-40所示的垂直旋转中心线和螺旋体的外形线，单击工具栏上的"确定"按钮 ✓，退出草绘器。

4）单击"螺旋扫描"操控板中的"创建或编辑扫描截面"按钮 ▱，绘制如图3-41所示的螺旋弹簧截面，单击工具栏上的"确定"按钮 ✓，退出草绘器。

5）在工具栏中单击按钮 ▦ 后，输入间距值4（表示此弹簧的节距为4），单击按钮 ◔，表示弹簧为右螺旋，再单击"选项"按钮，系统默认"保持恒定截面"。

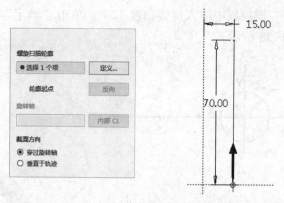

图 3-40 定义"螺旋扫描轮廓"

6）单击工具栏上的"确定"按钮 ✔，完成实体螺旋扫描特征弹簧的创建，如图 3-42 所示。

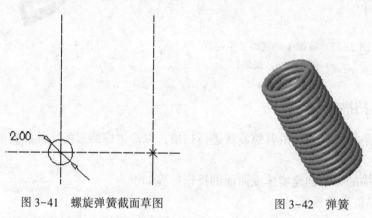

图 3-41 螺旋弹簧截面草图　　　　　　图 3-42 弹簧

3.4 工程特征

本节介绍 Creo 中圆角、倒角、孔、筋（肋）、壳、拔模特征和基准特征的创建方法。

3.4.1 圆角特征

圆角特征是指在零件的边上倒出圆角。

倒圆角的操作过程如下。

1）单击"倒圆角"按钮 ，出现如图 3-43 所示"倒圆角"操控板。

图 3-43 "倒圆角"操控板

2）在立体模型上选取欲倒圆角的边线，单击"预览"按钮⑥⑥即可在屏幕上预览圆角效果（也可先选择边线，再单击"倒圆角"按钮）。

3）在"倒圆角"操控板上修改圆角半径值。

4）单击"确定"按钮✔，即完成圆角的创建，如图 3-44 所示。

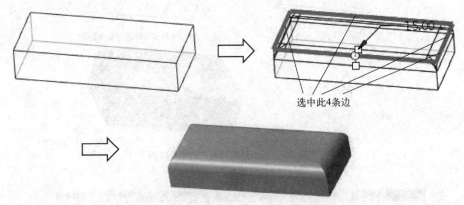

选中此4条边

图 3-44　"圆角特征"的创建过程

3.4.2　倒角特征

倒角特征指的是在立体模型上进行倒角操作。在 Creo 4.0 中，倒角特征分为边倒角和拐角倒角特征。

1. 创建边倒角特征

1）从立体图形上选取欲倒角的边线。

2）单击"边倒角"按钮 ，出现如图 3-45 所示的"边倒角"操控板。单击"预览" ⑥⑥按钮即可在屏幕上预览倒角（也可先单击"边倒角"按钮，再选择边线）。

图 3-45　"边倒角"操控板

3）在边倒角工具栏中确定倒角的标注方式，并修改倒角的大小。标注方式有 D×D、D1×D2、角度×D、45×D 四种。

4）单击"确定"按钮✔，即完成边倒角特征的创建，如图 3-46 所示。

2. 创建拐角倒角特征

1）单击"拐角倒角"按钮 。

2）从立体模型上选取欲倒角的顶点，出现如图 3-47 所示"拐角倒角"操控板。单击"预览"按钮⑥⑥即可在屏幕上预览倒角。

3）在"拐角倒角"操控板中分别输入 D1、D2、D3 三个拐角参数的值。

4）单击"确定"按钮✔，即完成拐角倒角的创建，如图 3-48 所示。

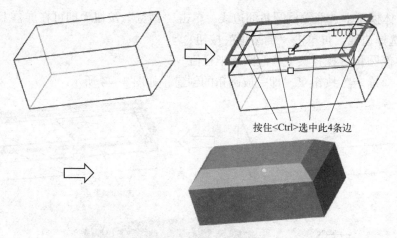

图 3-46 "边倒角特征" 创建过程

图 3-47 "拐角倒角" 操控板

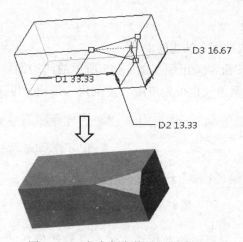

图 3-48 "拐角倒角特征" 创建过程

3.4.3 孔特征

在现有零件上加工圆孔，可直接选取该圆孔的钻孔平面，确定圆孔中心轴线的位置，再指定此圆孔的直径与深度，即可创建出此圆孔，其操作过程如下。

1）单击"孔"按钮 🔛，出现如图 3-49 所示的"孔"操控板。

2）选择已知零件上与钻孔中心垂直的平面放置孔，即可预览圆孔的大小和位置。

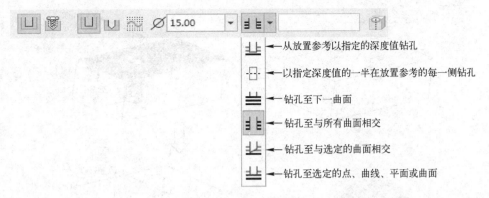

←从放置参考以指定的深度值钻孔

←以指定深度值的一半在放置参考的每一侧钻孔

←钻孔至下一曲面

←钻孔至与所有曲面相交

←钻孔至与选定的曲面相交

←钻孔至选定的点、曲线、平面或曲面

图 3-49 "孔"操控板

3）选择孔的中心轴线定位方式。在孔特征工具栏中单击"放置"按钮，在打开的"放置"面板上单击"偏移参考"中的"单击此处添加项目"，出现"选取 2 个项"，如图 3-50 所示。

在绘图区域中单击 RIGHT 基准面（选择孔中心轴线距 RIGHT 基准面的距离，即孔中心轴线的一个定位尺寸），可将"偏移参考"中"偏移"右侧的数字改为用户所需要的距离值，再同时按住〈Ctrl〉键选择 FRONT 基准面（选择孔中心轴线的另一个定位尺寸），更改"偏移参考"中"偏移"右侧的数字为用户所需要的距离值，则完成孔中心轴线的定位，如图 3-51 所示。更常用的方式是在建模界面选中控制柄（绿色变成黑色），拖到参考面或边、点上，出现尺寸后双击进行修改。

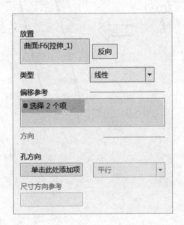

图 3-50 孔中心轴线的定位方式

4）确定圆孔的直径。在"孔"操控板上的"直径" ⌀ 文本框中更改用户所需的孔直径。

5）确定孔的深度。在操控板上选择 ⊨，即该孔为通孔。

6）单击工具栏上的"确定"按钮 ✔，即完成孔特征的创建，如图 3-51 所示。

如已存在孔的轴线，则利用同轴参考可以更快捷地确定孔的位置。如图 3-52 所示，按住〈Ctrl〉键的同时，选择上表面和轴线，即可完成孔的创建。

注意：孔特征不仅可以方便产生普通光孔，还可以直接产生螺纹孔、台阶孔，甚至可以草绘特殊的截面来生成孔。

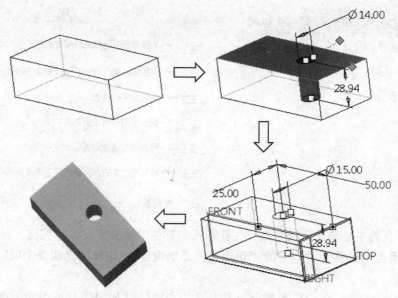

图 3-51 "孔特征"的创建过程（偏移参考）

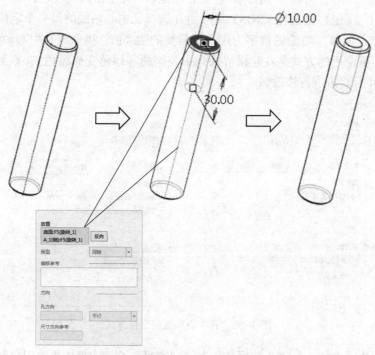

图 3-52 "孔特征"的创建过程（同轴参考）

3.4.4 筋（肋）特征

筋特征是一种特殊类型的项，通常用来增强已有零件的结构强度。Creo 4.0 中筋特征的创建方法包括轨迹筋和轮廓筋两种。其中轨迹筋是指使用筋路径的草绘图来创建筋并且轨迹筋辅助有拔模和倒圆角的功能，轮廓筋是指使用筋轮廓的草绘来创建筋。

1. 轨迹筋的创建过程

1) 以已创建好的壳体零件的底面作为参考, 创建基准平面 DTM1 (具体创建过程参照 3.4.7), 如图 3-53 所示。

2) 单击工具栏上的 "草绘" 按钮, 选取 DTM1 作为草绘平面, 绘制如图 3-54 所示的轨迹, 单击草绘工具栏中的 "确定" 按钮 ✔, 退出草绘器。

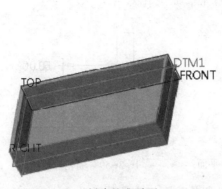

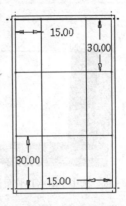

图 3-53　创建基准平面 DTM1　　　　图 3-54　筋轨迹草图

3) 选中已绘制好的筋轨迹, 单击工具栏上的 "轨迹筋" 按钮 📦。如图 3-55 所示, 在 📦 后输入筋宽度 2, 如图 3-55 所示, 并且分别选中 📦 📦 📦 按钮, 为筋添加拔模、圆角, 单击 "确定" 按钮 ✔, 完成轨迹筋特征创建。如图 3-56 所示。

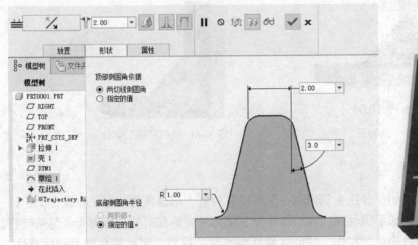

图 3-55　设置筋宽度、拔模和圆角　　　　图 3-56　"筋轨迹特征" 实体

2. 轮廓筋的创建过程

1) 单击工具栏上的 "筋" 下拉按钮 📦, 选择 "轮廓筋" 按钮 📦, 出现如图 3-57 所示的 "轮廓筋" 操控板, 在已给零件上选中一个平面或基准平面作为草绘平面, 如图 3-58 所示 (本例选择零件的前后对称面 FRONT 平面), 使用默认参照平面及方向, 进入草绘界面。

2) 在草绘区域中绘制如图 3-59 所示的一条斜线 (将竖直板的右侧面和水平板的上侧面加为参照, 使绘制的斜线两端点落在参照线上) 作为筋特征的外形轮廓后, 单击草绘界面的"确定"按钮✔，退出草绘器。

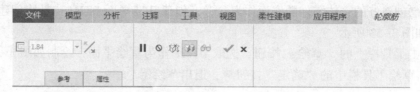

图 3-57 "轮廓筋"操控板

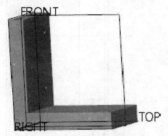

图 3-58 选中 FRONT 平面作为草绘平面

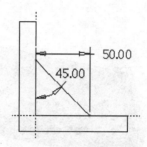

图 3-59 筋轮廓草绘图

3）图形显示区域出现箭头（可以在"参考"面板中修改箭头方向），在"轮廓筋"操控板上修改筋宽度，在绘图区域即可预览筋特征，如图 3-60 所示。

4）单击"确定"按钮✔，即完成筋特征的创建，如图 3-61 所示。

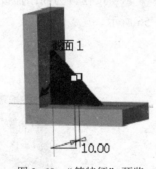

图 3-60 "筋特征"预览

图 3-61 "筋特征"实体

3.4.5 壳特征

壳特征是指将实体中间部分挖去，留下一定厚度值的壁，形成薄壳。在工业设计中，许多地方都要用到壳特征，如手机外壳、显示器外壳、鼠标外壳等都需要进行抽壳。与基础特征切口相比，壳特征通过简单的操作，便可得到复杂的薄壳模型，因此具有极大的优越性。壳特征的创建过程如下。

1）单击工具栏上的"壳"按钮▣，出现如图 3-62 所示"壳"操控板。

图 3-62 "壳"操控板

2）在已有零件上选取一个面或数个面（平面或曲面）作为材料移除面。

3）在操控板中修改壳的壁厚后，单击"确定"按钮 ✔，即完成壳特征的创建，如图 3-63 所示。

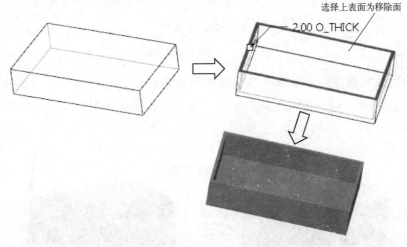

图 3-63 "壳特征"的创建过程

3.4.6 拔模特征

在铸造工艺中，为了便于零件的取出，铸件与模具接触部分必须设计成具有一定的斜度，铸件上的这一斜度称为拔模斜度，利用拔模特征工具可很方便地创建拔模所需的角度。

在创建拔模特征前，用户需熟悉以下 4 个基本术语：拔模面、拔模枢轴、拔模方向、拔模角度。

- 拔模面：模型上需要拔模的面，可以是单个面，也可以是多个面，完成拔模后，这些面具有一定的拔模斜度。
- 拔模枢轴：在拔模操作的过程中，拔模面围绕其旋转的线称为拔模枢轴。拔模枢轴位于拔模面上，且在拔模操作后长度不会发生改变。一般可通过选取平面（此平面与欲拔模面的交线为拔模的旋转轴），或选取拔模面上的单个边或线，此边（线）即为拔模的旋转轴。
- 拔模方向：拔模方向也称为拖动方向，是用于测量拔模角度的方向。一般可选取平面、直边、线等来定义拔模方向，在模型中系统用黄色箭头指示。
- 拔模角度：拔模角度是指拔模面按照指定方向和拔模枢轴之间的倾斜角度。通常拔模角度在−30°~+30°范围内。

在 Creo 4.0 中，拔模特征的创建方法包括拔模和可变拖拉方向拔模两种方法。

1. 常规拔模特征的创建过程

1）在要创建拔模特征的零件上选取一个或数个面（平面或曲面）作为拔模面（这里选择模型的左侧面）。

2）单击工具栏中的"拔模"按钮 ，出现如图 3-64 所示的"拔模"操控板。选取一个与拔模面相交的平面以产生拔模枢轴（这里选择上底面），此时可在屏幕上预览拔模斜面

57

和角度。

图 3-64　"拔模"操控板

3）在"拔模"操控板上"角度"选项卡中∠后的框内修改角度（这里修改为 10°），并且可以通过✕按钮来改变拔模方向。单击"确定"按钮✔，即完成拔模特征的创建，如图 3-65 所示。

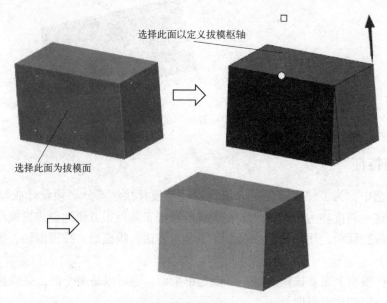

选择此面以定义拔模枢轴

选择此面为拔模面

图 3-65　"常规拔模特征"的创建

2. "分割"创建拔模特征

按照上述过程创建出的拔模特征是最基本的拔模样式，在图 3-64 中可以看到"分割"面板，就是通过指定分割类型来创建更为复杂多样的拔模特征的样式。"分割"就是将拔模曲面进行分割以便在同一拔模曲面上创建多种不同形式的拔模特征。"分割"参数面板中提供了"不分割""根据拔模枢轴分割""根据分割对象分割"三种分割选项，如图 3-66 所示。

- "不分割"表示不分割拔模曲面，在同一拔模曲面上创建单一参数的拔模特征，上例所创建的就是"不分割"拔模特征，"不分割"是系统默认选项。
- "根据拔模枢轴分割"表示沿拔模枢轴分割曲面，可以在同一拔模曲面创建两种参数的拔模特征。
- "根据分割对象分割"表示根据唯一的分割对象分割曲面。

下面简单介绍"根据分割对象分割"来创建拔模特征的过程。

1）单击工具栏中的"拔模"按钮🗂，出现如图 3-64 所示的"拔模"操控面板。选择正方体的侧面作为拔模曲面，选择上平面来产生拔模枢轴，单击"分割"按钮，选择"根据分割对象分割"，并定义分割对象，选择拔模曲面作为草绘平面，在草绘区域绘制如图3-67所示的草绘图形，单击✔按钮，退出草绘器。

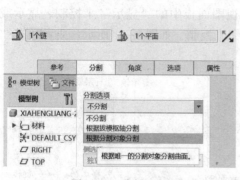

图3-66 分割选项

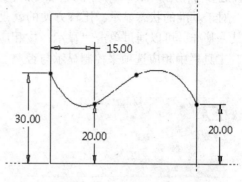

图3-67 分割对象的草绘图

2）在"分割"参数面板中选择"独立拔模侧面"，并在"拔模"操控面板中设置两侧的拔模角度，如图3-68所示。单击"确定"按钮✔，完成拔模特征的创建，如图3-69所示。

图3-68 "根据分割对象分割"拔模特征操控板

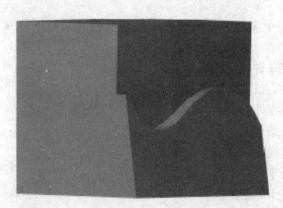

图3-69 "根据分割对象分割"拔模特征的创建实体

2. 可变拖拉方向拔模与常规拔模的不同点

可变拖拉方向拔模可以直接扫描垂直于指定拔模枢轴的曲面，因此通过其创建拔模特征无须指定拔模曲面。

1）可以在"可变拖拉方向拔模"工具中创建拔模组，这一点与"倒圆角和倒角"工具类似。

2）可以指定大于30°的拔模角。

3）指定的"拖拉方向参考曲面"不必为平面。

3.4.7　基准特征

基准特征是指几何体并不作为实体存在于零件中，而仅作为实体创建的基准，对建构几何实体起参考作用。Creo 4.0中的基准特征包括基准面、基准轴、基准点等，如图3-70所示。

对于基准的状态显示，比较方便的就是通过视图面板中的"显示"来控制。显示或隐藏某一基准，可以通过单击"显示"中相应的按钮来控制，如图3-71所示。或者通过"显示"工具栏中相应选项来控制显示与否。

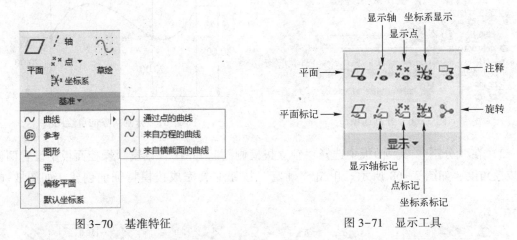

图3-70　基准特征　　　　　　　　图3-71　显示工具

下面分别对基准特征的创建方法进行介绍。

1. 基准面

基准面实际上是一个无限大小的平面，在必要的时候要创建基准面才能更便于确定位置。

创建基准面的约束条件包括以下内容。

- 过空间任意不在一条直线上的3点。
- 过一条直线和直线外一点。
- 过一点垂直于一条直线。
- 过共面的两条直线。
- 过一条直线平行于一个平面。
- 过一条直线垂直于一个平面。
- 与现有平面相距一定的距离等。

下面以"与现有平面相距一定距离"的约束条件来介绍基准面的创建过程。

单击工具栏上的"基准面"按钮 ⬜，弹出"基准平面"对话框，如图3-72所示为该对话框中的3个选项卡。在图形显示区域中选取任一平面作为放置参考，在对话框中的"偏移"选项组中的"平移"数值框中输入相应的数值，表示基准面距离参考平面的距离，输入平移距离为负值，则向另一个方向偏移。此时绘图区域将会出现创建平面的预览。如若平面创建方向及大小与需要不符，则单击"基准平面"对话框内的"显示"选项卡进行修改。在"属性"选项卡中可以修改新创建基准面名称。最后单击对话框中的"确定"按钮，完成基准面的创建，如图3-73所示。

a) b) c)

图 3-72 "基准平面"对话框

a)"放置"选项卡　b)"显示"选项卡　c)"属性"选项卡

如果要对基准面进行编辑定义、删除、复制等，可以通过在模型树中选中基准面并右击，从弹出的快捷菜单中选择相应的命令进行特征编辑，如图 3-74 所示。

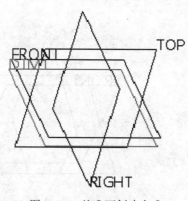

图 3-73　基准面创建完成

图 3-74　基准面特征编辑

2. 基准轴

基准轴用来作为定位辅助轴线。

创建基准轴的约束条件包括如下内容。

- 让轴线通过指定的某条边。
- 垂直于某一平面的某一位置。
- 通过点并垂直于平面。
- 通过指定平面的交线。
- 通过空间任意两点等。

基准轴的创建过程如下。

单击工具栏中的"基准轴"按钮，弹出"基准轴"对话框，如图 3-75 所示为"基准轴"对话框中的 3 个选项卡。在图形显示区域选取任意点、平面或轴（可按住〈Ctrl〉键选取多个参考）等作为基准轴放置参考，再选取偏移参考，修改相应的偏移距离，此时可在绘图区域预览新创建的基准轴。可以在"基准轴"对话框中的"显示"选项卡中调整基准轴的轮廓，在"属性"选项卡中修改基准轴名称。最后单击对话框中的"确定"按钮，完成基准轴 A-1 的创建，如图 3-76 所示。如果要对基准轴进行编辑定义、删除、复制等，可以通过在模型树中选中基准轴并右击，从弹出的快捷菜单中选择相应的命令进行特征编辑。

a)

b)

c)

图 3-75 "基准轴"对话框
a)"放置"选项卡 b)"显示"选项卡 c)"属性"选项卡

3. 基准点

基准点可以用来作为位置参考。

创建基准点的约束条件包括以下内容

- 将基准点创建在指定的某个曲面上。
- 将基准点创建在与指定面沿法线方向，平移一段距离的曲面上。
- 将基准点创建在一条曲线与一个曲面的交点上。
- 将基准点创建在一条曲线或边线的端点上。
- 将基准点创建在 3 个面的交点上。
- 将基准点创建在一条直线上。
- 将基准点创建在线与线的交点上。
- 将基准点由某一点平移一段距离等。

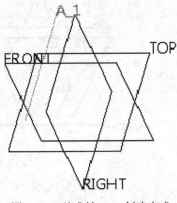

图 3-76 基准轴 A-1 创建完成

下面以"将基准点创建在某一轴上的指定位置"约束条件为例来介绍基准点的创建过程。

单击工具栏中的"基准点"按钮，弹出"基准点"对话框，如图 3-77 所示。在图形显示区域选取轴（可按住〈Ctrl〉键选取多个参考）等作为基准点放置参考，并且选择"在其上"选项；再选取偏移参考，修改相应的偏移距离，此时可在绘图区域预览新创建的基准点，可以在"基准点"对话框的"属性"选项卡中修改基准点名称。最后单击对话框中的"确定"按钮，完成基准点 PNT0 的创建，如图 3-78 所示。如果要对基准点进行编辑定义、删除、复制等，可以通过在模型树中选中基准点并右击，从弹出的快捷菜单中选择相应的命令进行特征编辑。

a)

b)

图 3-77 "基准点"对话框
a)"放置"选项卡 b)"属性"选项卡

4. 基准曲线

基准曲线用来作为参考曲线。

在 Creo 4.0 中,创建基准曲线包括通过点的曲线、来自方程的曲线、来自横截面的曲线 3 种方法,下面分别对 3 种方法进行简单介绍。

（1）通过点的曲线

通过选取两个以上的点来定义曲线,采用此方法创建基准曲线,首先要保证图元上至少存在两个点。

操作过程:选择"基准"→"曲线"命令,选择"通过点的曲线",弹出如图 3-79 所示的"曲线:通过点"操控板,可以通过单击"样条曲线"按钮 ∿ 来创建样条曲线,也可以通过单击"折线"按钮 ∧ 来创建折线,同时可以对折线进行倒圆角,如图 3-80 所示。

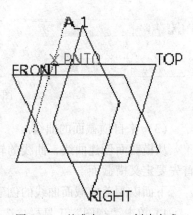

图 3-78 基准点 PNT0 创建完成

图 3-79 "曲线:通过点"操控板

（2）来自方程的曲线

通过在选定的坐标系中输入要创建的曲线的方程来创建基准曲线。在 Creo 4.0 中,提供了笛卡儿坐标系、球坐标系和柱坐标系供用户选择以绘制曲线,不同的坐标系为创建不同的曲线提供了方便,可以根据需要选取相应的坐标系。在所有的坐标系形式中,都有一个共用的可变参数 t，用来确定方程式值域，同时也可用它来驱动方程式的生成。

操作过程：选择"基准"→"曲线"命令，选择"来自方程的曲线"，弹出如图 3-81 所示的操控板，选取参考坐标系种类（本例选择球坐标），单击操控板中的"方程"按钮，弹出如图 3-82 所示的"方程"对话框，输入曲线方程（方程内的符号不能手动输入，而是要通过选取对话框中的符号进行输入），单击"确定"按钮，退出方程式的输入。在操控板中输入变量的数值范围（本例为 0~2），单击"确定"按钮，完成基准曲线创建，如图 3-83 所示。

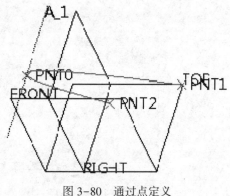

图 3-80 通过点定义
"基准曲线特征"的创建

图 3-81 "曲线：从方程"操控板

（3）来自横截面的曲线

从横截面创建曲线，曲线的轮廓特征就是横截面的轮廓特征，创建来自横截面的曲线，首先要定义横截面。

下面以阀盖横截面曲线的创建为例来介绍其创建过程。

1）单击"视图"工具栏，选择"模型显示"中"截面" 🔲 下的"平面"，弹出如图 3-84 所示的"截面"操控板，选择如图 3-85a 所示的 FRONT 平面作为参考平面，单击"确定"按钮 ✔，阀盖的截面显示如图 3-85b 所示。

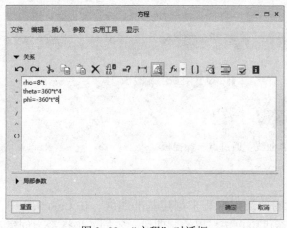

图 3-82 "方程"对话框

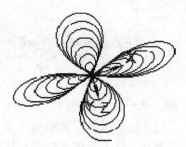

图 3-83 通过方程定义
"基准曲线特征"的创建

64

2）选择"基准"→"曲线"命令，选择"来自横截面的曲线"，弹出如图 3-86 所示的"曲线"操控板，选择阀盖截面，单击"确定"按钮 ✔，来自横截面的曲线创建完成，如图 3-85c 所示。

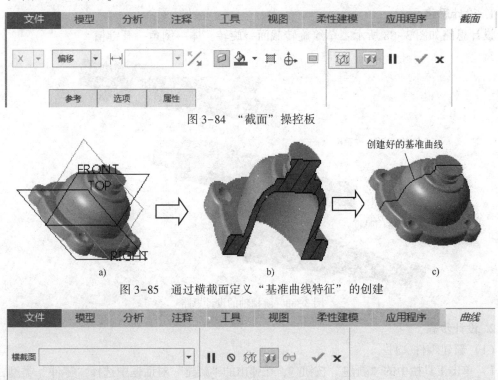

图 3-84 "截面"操控板

图 3-85 通过横截面定义"基准曲线特征"的创建

图 3-86 "曲线"操控板

除了以上介绍的 4 种基准特征外，Creo 4.0 还提供了基准坐标系，用于插入基准曲面等基准特征。此外，创建基准特征的约束条件也多种多样，可以通过在平时的练习中逐步学习、逐步探索。

3.5 实例：创建阶梯轴

创建截面如图 3-87 所示的阶梯轴零件。

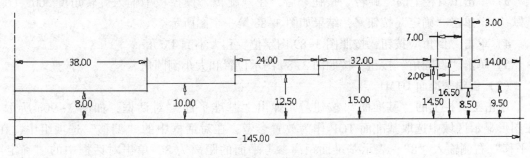

图 3-87 阶梯轴零件的轴截面图

本例将创建截面如图 3-87 所示的阶梯轴。通过本例的学习，读者将会对以下内容有更进一步的认识：旋转特征的创建、基准特征的创建、拉伸特征的创建、倒角、倒圆角特征的创建。

1. 设计思路

设计思路如图 3-88 所示：草绘旋转截面→旋转实体→倒角→开键槽。

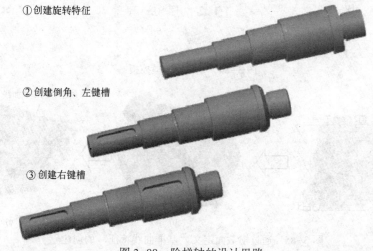

① 创建旋转特征

② 创建倒角、左键槽

③ 创建右键槽

图 3-88　阶梯轴的设计思路

2. 设计步骤

（1）新建零件文件

1）单击工具栏中的"新建"按钮，在弹出的"新建"对话框中选择"零件"类型，并选"实体"作为子类型，设置"名称"为"zhou"，同时取消选中"使用默认模板"复选框。

2）在"新文件选项"对话框中选择"mmns_part_solid"选项，单击"确定"进入零件设计模式。

（2）创建旋转实体

1）单击工具栏中的"草绘"按钮，弹出"草绘"对话框，在绘图界面选中 FRONT 作为草绘基准平面，使用默认参考平面及方向，单击"草绘"对话框中的"草绘"按钮，则系统进入二维草绘模式。

2）绘制如图 3-87 所示的二维草图，草图下方水平线上需要绘制一条中心线，然后单击草绘工具栏上的"确定"按钮✓。

3）单击工具栏上的"旋转"按钮❀后，在"旋转"操控板中输入旋转角度 360°（系统默认），单击"确定"按钮✓，结果如图 3-88 第一个图所示。

4）单击"倒角"按钮，按照图 3-89 图示位置和大小倒 45°角。

5）单击"倒圆角"按钮，按照图 3-89 图示位置和大小倒圆角。

（3）创建基准面 DTM1

单击工具栏上的"基准面"按钮，弹出"基准平面"对话框，如图 3-90a 所示。在图形显示区域中选取基准面 TOP 作为放置参考，在对话框中的"偏移"选项组中，在"平移"右侧输入"8"，表示基准面距离参考平面的距离为 8，单击对话框中的"确定"按钮，完成基准面 DTM1 的创建，如图 3-90b 所示。

66

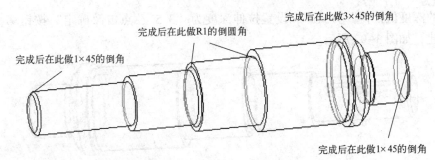

图 3-89　倒角及圆角位置及大小

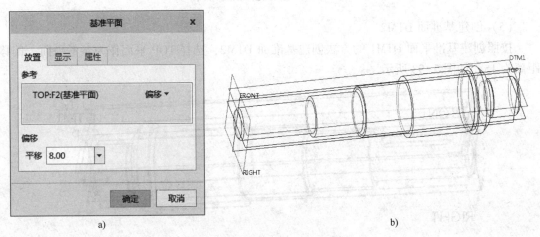

图 3-90　创建基准面 DTM1
a)"基准平面"对话框　b) 基准面 DTM1

（4）创建左键槽

1）单击"草绘"工具按钮，弹出"草绘"对话框，在绘图界面中选中 DTM1 作为草绘基准平面，使用默认参考平面及方向，单击"草绘"对话框中的"草绘"按钮，则系统进入二维草绘模式。

2）按如图 3-91 所示绘制左侧键槽的二维草图。草绘时，先选择"草绘"→"参考"命令，添加最左侧断面作为水平方向参考。绘制完成后单击"确定"按钮✔，退出草绘器。

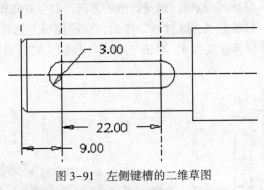

图 3-91　左侧键槽的二维草图

3）在工具栏上单击"拉伸"按钮，预览键槽的方向，如果方向相反，则单击"拉伸"操控板上的"方向"按钮。再单击"去除材料"按钮，在操控板上选择"从草绘平

67

面以指定的深度值拉伸"方式✔，设置拉伸深度为"3.5"，点击"确定"按钮✔，完成左键槽的创建，如图3-92所示。

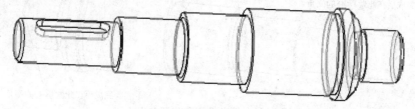

图3-92　左侧键槽创建完成

（5）创建基准面DTM2

按照创建基准平面DTM1的方法创建基准面DTM2，选择TOP平面作为参考平面，偏移距离为15，如图3-93所示。

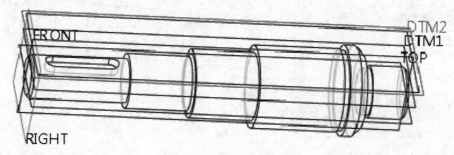

图3-93　创建基准面DTM2

（6）创建右键槽

1）单击右侧的"草绘"工具按钮，弹出"草绘"对话框，在绘图界面选中DTM2作为草绘基准平面，使用默认参考平面及方向，单击"草绘"对话框中的"草绘"按钮，则系统进入二维草绘模式。

2）按如图3-94所示绘制右侧键槽的二维草图。草绘时，先选择"草绘"→"参考"命令，添加图中尺寸7所指右侧台阶面为水平方向参考。绘制完成后单击"确定"按钮，退出草绘器。

3）在工具栏上单击"拉伸"按钮，预览键槽的方向，如果方向相反，则调整"拉伸"操控板上的"方向"按钮。再单击"去除材料"按钮，在操控板上选择"从草绘平面以指定的深度值拉伸"方式，设置拉伸深度为4，单击"确定"按钮，完成右键槽的创建，如图3-95所示。

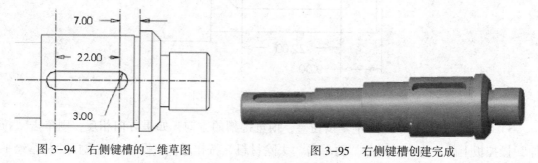

图3-94　右侧键槽的二维草图　　　　　　图3-95　右侧键槽创建完成

3.6 特征的编辑与更改

对于对称或按一定规律分布的特征，可以通过镜像和阵列快速完成特征的创建。另外可以利用特征在模型树中的位置变更以及插入等方法，实现模型特征间依赖关系的编辑修改。

3.6.1 镜像

对于对称结构的零件，可以先创建其一半（侧）特征，甚至 1/4 特征，然后采用镜像功能生成对称的部分，其操作既简单又实用，如图 3-96 所示。

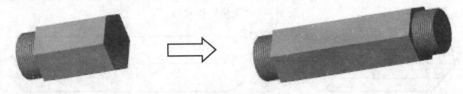

图 3-96　镜像特征

镜像特征的基本操作步骤：选取需要镜像的特征，执行"镜像"命令，指定镜像平面。若模型中现有的平面不能满足镜像的要求，可以重新创建一个基准平面作为镜像平面。

下面通过创建底板实体说明镜像特征的创建过程。

（1）新建模型文件

1）单击工具栏中的"新建"按钮，选择"零件"类型，并选择"实体"作为子类型，设置"名称"为"jingxiang"，同时取消选中"使用默认模板"复选框。

2）在"新文件选项"对话框中选择"mmns_part_solid"选项，单击"确定"按钮进入零件设计模式。

（2）创建底板右侧实体

1）单击工具栏中的"草绘"按钮，弹出"草绘"对话框，在绘图界面中选中 TOP 平面作为草绘基准平面，使用默认参考平面及方向，单击"草绘"对话框中的"草绘"按钮，进入二维草绘模式。

2）按如图 3-97 所示绘制底板的二维草图，然后单击草绘工具栏上的"确定"按钮，退出草绘器。

3）单击工具栏上的"拉伸"按钮，在"拉伸"操控板中输入拉伸深度 25，单击"确定"按钮，拉伸特征即创建完成，如图 3-98 所示。

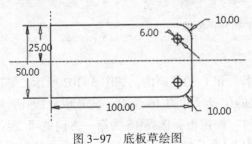

图 3-97　底板草绘图

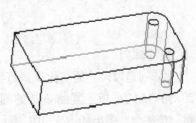

图 3-98　拉伸特征创建完成

（3）镜像底板右侧实体到左侧

单击鼠标左键选取需要镜像的特征，单击工具栏中的"镜像"按钮，弹出如图3-99所示的"镜像"操控板，选择左右对称面的RIGHT基准面作为镜像平面，单击"确定"按钮，完成底板镜像特征的创建，如图3-100所示。

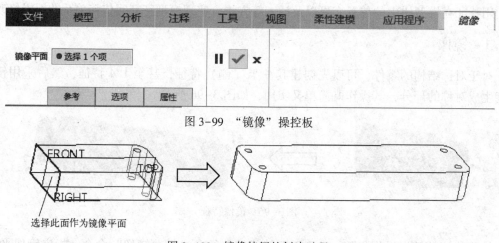

图3-99 "镜像"操控板

图3-100 镜像特征的创建过程

注意：镜像功能也可以针对某一（些）特征（如切口、孔、倒角等）进行。

3.6.2 阵列

阵列特征是指根据一个原始特征，进行有规律的复制，在建模设计中非常有用，可以将指定的特征按照阵列布局一次完成。

要使用"阵列"功能进行特征（或特征组）复制时，首先要选取特征（或特征组），然后单击工具栏上的"阵列"按钮，弹出图3-101所示的"阵列"操控板。再在"阵列"操控板上按需要选取不同的阵列方式进行阵列。特征阵列方式有"尺寸""方向""轴""表""参考""曲线""填充""点"8种。

下面介绍比较常用的阵列方式。

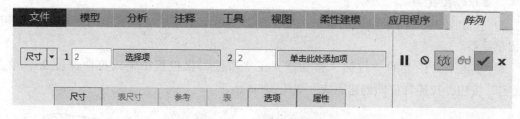

图3-101 "阵列"操控板

1. 尺寸阵列

尺寸阵列是以尺寸的变化来进行特征（或特征组）的复制的，如图3-102所示，要在一个120×90×15的平板上复制φ12的圆孔，圆孔的位置尺寸为16及15，先选取此圆孔，单击"阵列"按钮，弹出如图3-101所示的"阵列"操控板，选择16为第一方向的可变尺寸，在出现的浮动框中输入尺寸增量20，在操控板中"1"后的方框中输入第一方向的阵列成员数

5，同时按住〈Ctrl〉键，选择 15 为第二方向的可变尺寸，设置增量为 18，成员数为 4，则可预览阵列后的 20 个圆孔，单击"确定"按钮，完成孔尺寸阵列的创建，如图 3-102 所示。

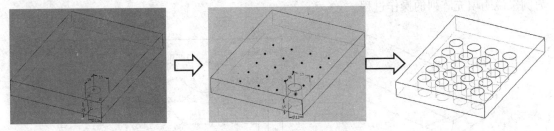

图 3-102　参照尺寸阵列特征

2. 轴阵列

轴阵列是将特征（或特征组）绕着一个轴旋转，使阵列的特征（或特征组）绕着此轴分布。在 Creo 4.0 中，轴阵列还可以指定阵列的角度范围，使得成员数在一定的角度范围内阵列。

操作过程：选取需要阵列的特征，单击工具栏上的"阵列"按钮▦，在弹出的操控板的下拉列表中选择"轴"选项，如图 3-103 所示，选择阵列的中心轴，输入成员数，在绘图区域预览轴阵列情况，单击"确定"按钮，完成轴阵列特征的创建，如图 3-104 所示。

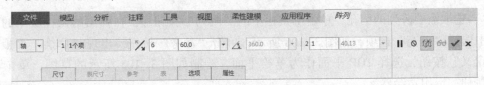

图 3-103　"轴阵列"操控板

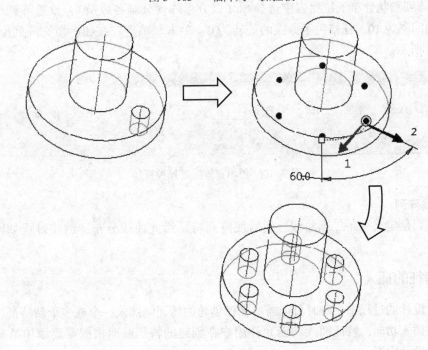

图 3-104　参照轴阵列特征

3. 填充阵列

填充阵列是定义一个二维草图，然后使阵列特征分布在此草图区域内。下面以图 3-105 为例来说明填充阵列的操作过程。

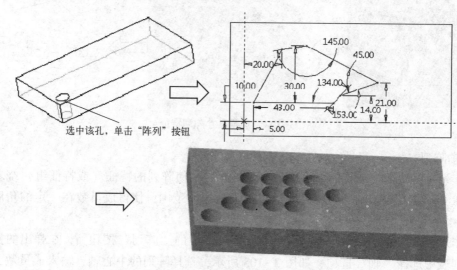

图 3-105 "填充阵列特征"的创建

1）选取需要阵列的圆孔，单击工具栏上的"阵列"按钮▦，在弹出的操控板中的下拉列表中选择"填充"选项，如图 3-106 所示，单击"参考"按钮，出现"草绘"面板，单击"定义"按钮，选择 TOP 平面作为草绘平面，绘制如图 3-105 所示的草图，单击"确定"按钮，退出草绘器。

2）在阵列形状分布下拉列表中选择▦（以方形阵列分割各成员），设置阵列成员中心两两之间的间隔为 10，栅格关于原点的旋转为 0，单击"确定"按钮，填充阵列创建完成，如图 3-105 所示。

图 3-106 "填充阵列"操控板

4. 曲线阵列

曲线阵列是定义一条二维曲线，然后使阵列特征沿此曲线分布，创建过程如图 3-107 所示。

3.6.3 特征的插入

在零件设计的过程中，有时可能需要在已创建的特征间插入一个或多个新特征，这就需要使用特征插入功能，特征插入功能允许用户在创建的特征前面根据需要添加某些细节特征，以完善设计内容。

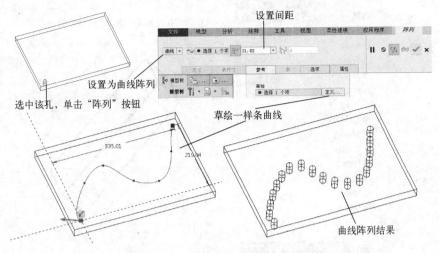

图 3-107　创建"曲线阵列"特征

直接在模型树中拖动图标 ➡ 在此插入 就可以完成特征的插入位置变更。如图 3-108 所示为将底板抽壳的过程。在模型树中有一个图标 ➡ 在此插入 ，表示当前模型的插入点。一般情况下，图标 ➡ 在此插入 位于模型树的最下端，如图 3-108a 所示。用户可以选中图标 ➡ 在此插入 后按住鼠标左键，将其拖动到模型树的任意一个位置。此时，图标 ➡ 在此插入 以后的所有特征的名称前都会加上■符号，如图 3-108b 所示，将 ➡ 在此插入 从模型树的最下端拖到了"倒圆角 1"下方，图标后的所有特征都自动隐含，如图 3-108c 所示。完成插入特征操作后再将 ➡ 在此插入 拖回原处，如图 3-108d 所示。

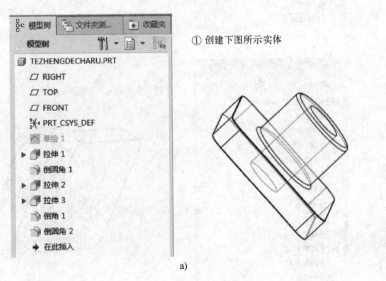

① 创建下图所示实体

a)

图 3-108　在中间插入特征

② 将 "在此插入" 拖到 "拉伸1" 的 "倒圆角1" 下

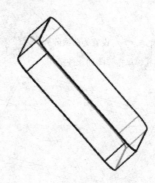

b)

③ 新创建特征

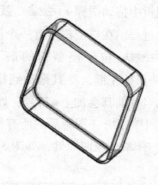

c)

④ 将 "在此插入" 图标移回原处

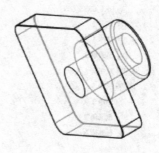

d)

图 3-108　在中间插入特征（续）

3.6.4　特征的编辑

如果只是要更改模型的尺寸，可以在模型树中右击某一特征，从弹出的快捷菜单中选择"编辑尺寸"命令。此时在图形显示区中会显示该特征的尺寸，双击某尺寸，可对其进行更改。单击工具栏中的"再生"按钮，使更改生效。如果要更改模型的结构、尺寸，则可以选中特征后，单击"编辑定义"按钮，自动进入特征创建界面，用户可以像最初创建特征一样修改特征定义（示例见 3.7 节）。

下面通过创建如图 3-109 所示的实体模型来说明特征尺寸的编辑操作过程。

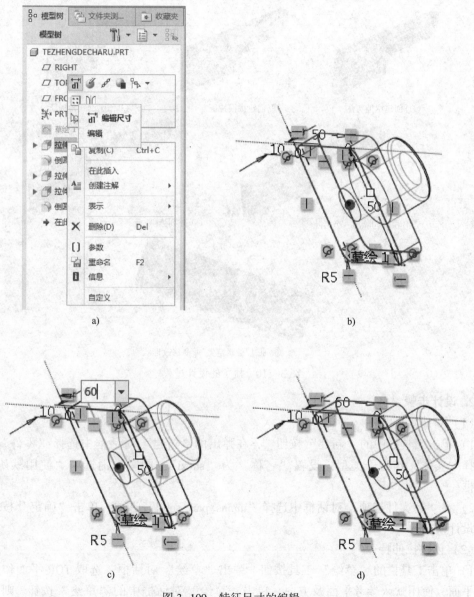

图 3-109　特征尺寸的编辑

a）选择"编辑尺寸"命令　b）图形显示尺寸　c）双击需要修改的尺寸进行修改　d）修改尺寸后的模型

3.7 实例：创建梳子模型

完成图 3-110 中最后两步所示两种梳子的模型。

本例主要使用拉伸特征、圆角特征、镜像特征、拔模特征的创建，以及特征的阵列和编辑修改等操作。

1. 设计思路

设计思路如图 3-110 所示。

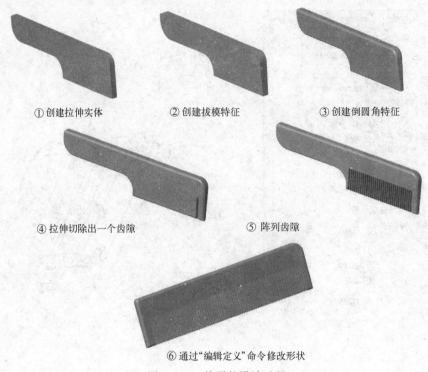

① 创建拉伸实体　　　② 创建拔模特征　　　③ 创建倒圆角特征

④ 拉伸切除出一个齿隙　　　⑤ 阵列齿隙

⑥ 通过"编辑定义"命令修改形状

图 3-110　梳子的设计过程

2. 设计步骤

（1）新建零件文件

1）单击工具栏中的"新建"按钮，在弹出的"新建"对话框中选择"零件"类型，并选择"实体"作为子类型，设置"名称"为"shuzi"，同时取消选中"使用默认模板"复选框。

2）在"新文件选项"对话框中选择"mmns_part_solid"选项，单击"确定"按钮进入零件设计模式。

（2）创建拉伸特征

1）单击工具栏的"草绘"工具按钮，弹出"草绘"对话框，选取 TOP 平面作为草绘基准平面，使用默认参考平面及方向，单击"草绘"对话框中的"草绘"按钮，则系统进入二维草绘模式。

2）绘制如图 3-111 所示的二维草图，绘制好后单击"确定"按钮，退出草绘器。

76

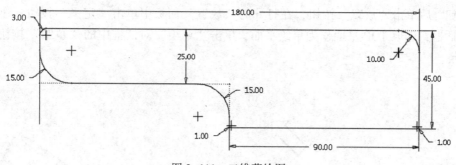

图 3-111　二维草绘图

3）单击工具栏上的"拉伸"按钮 ，预览拉伸实体，选择操控板上的"从草绘平面以指定的深度拉伸"按钮 ，设置拉伸深度为6，单击"确定"按钮，完成拉伸实体的创建，如图 3-112 所示。

（3）创建拔模特征

1）单击工具栏上的"拔模"按钮 ，选取如图 3-113 所示的侧面作为拔模面，单击"拔模"操控板上的按钮 ，选取梳子前侧面作为拔模枢轴相交平面，选中的面会变成红色，此时可在屏幕上预览拔模斜面和角度。

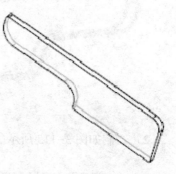

图 3-112　拉伸梳子基体

2）在"拔模"操控板上修改角度（本例修改为2°），设置成如图 3-113 所示的拔模方向，然后按〈Enter〉键，单击"确定"按钮 ，即完成拔模特征的创建，如图 3-113 所示。按同样的方法创建另一侧面的拔模特征。

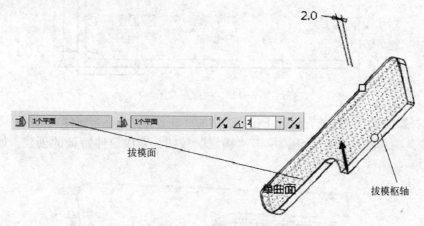

图 3-113　创建拔模特征

（4）创建圆角特征

单击工具栏上的"倒圆角"按钮 ，从梳子上选取四周边线，即可在屏幕上预览圆角，在"倒圆角"操控板上修改圆角半径值为 2.5，单击"确定"按钮，即完成圆角特征的创建，如图 3-114 所示。

（5）创建拉伸减材料特征

1）单击工具栏上的"拉伸"按钮 ，单击操控板上的"去除材料"按钮 ，选择"实体"按钮□后单击"放置"按钮，在打开的"放置"面板中单击"定义"按钮，弹出"草绘"对话框，选取 TOP 平面作为草绘平面，单击"草绘"对话框中的"草绘"按钮，进入草绘环境。

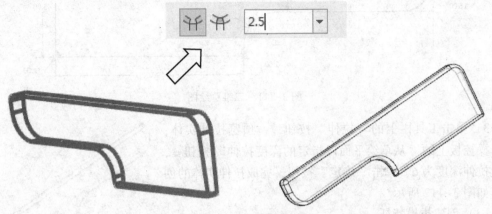

图 3-114　创建倒圆角特征

2）绘制如图 3-115 所示的草图。

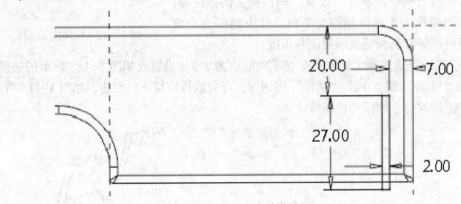

图 3-115　齿隙草绘图

3）选择操控板上"拉伸方式"下拉列表中的"在各方向上以指定深度值的一半拉伸草绘平面的双侧"⊟，输入深度值 50，单击"确定"按钮，完成拉伸特征的创建，如图 3-116所示。

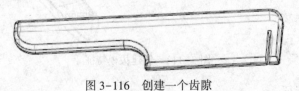

图 3-116　创建一个齿隙

（6）阵列梳子齿隙

在模型树中选择上面刚创建的拉伸减材料特征（齿隙），单击"阵列"按钮▦，在"阵列"操控板上选择"方向"阵列方式，在模型上选择最长的水平边线作为阵列方向参考，并在操控板上设置第一方向阵列数为"32"、阵列间距为"2.5"，然后单击"确定"按钮，完成阵列特征的创建，结果如图 3-117 所示。

78

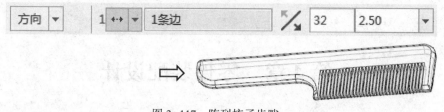

| 方向 ▼ | 1 ↔ ▼ | 1条边 | ↖ | 32 | 2.50 | ▼ |

图 3-117　阵列梳子齿隙

（7）通过"编辑定义"命令修改尺寸

1）在模型树中选拉伸 1 的草绘，右击，在弹出的如图 3-118 所示的快捷菜单中选择"编辑定义"命令 ，将草绘修改为如图 3-119 所示，单击"确定"按钮，退出草绘器。

图 3-118　"编辑定义"菜单

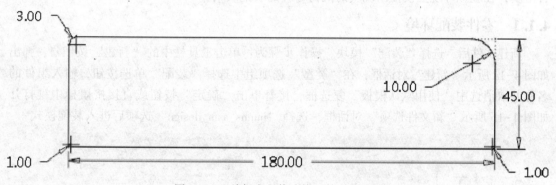

图 3-119　编辑定义修改梳子外形草绘图

2）在模型树中选中"阵列"，在右击弹出的快捷菜单中选择"编辑定义"命令，将阵列数量改为 66，然后单击"确定"按钮，结果如图 3-120 所示。

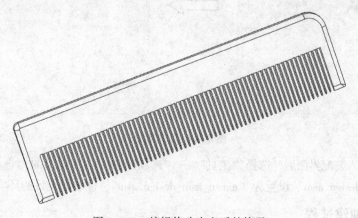

图 3-120　编辑修改定义后的梳子

第4章　零件装配设计

创建的零件需要装配在一起形成一个组件，从而实现机器设备的功能。Creo 的组件功能可以将创建的零件通过相互约束关系组合起来，其核心是约束关系的确定。本章介绍组件的创建方法，以及在组件中创建元件的方法。掌握本章内容后，可以实现"自上而下"和"自下而上"两种设计方法。

4.1　常用零件装配概述

一个成功的产品，不仅要有高质量的零件，还要将各个零件按设计要求组装起来，才能发挥其真正的功能。Creo 提供的装配功能就是通过在零件间增加各类约束，来限制零件的自由度，在虚拟环境里模拟出现实的机构零件的装配效果。

4.1.1　零件装配环境

新建文件后，选择"装配"模块。操作步骤为：单击工具栏中的"新建"按钮📄，弹出如图 4-1a 所示"新建"对话框，在"类型"选项组中选择"装配"单选按钮，输入组件的名称并取消选中"使用默认模板"复选框，接着单击"确定"按钮或直接按鼠标中键打开如图 4-1b 所示"新文件选项"对话框，选择"mmns_asm_design"选项后进入装配模式。

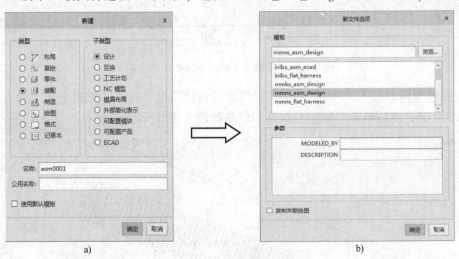

a)　　　　　　　　　　　　　　　　b)

图 4-1　新建装配

也可以在进入装配界面后，选择"工具"→"选项"命令，在弹出的"选项"对话框中将参数"template_design. asm"设置为"mmsn_asm_design. asm"，使装配设计的环境为公制单位。

4.1.2　组件创建过程

进入组件模块后，单击工具栏上的"组装"按钮🖼，打开"\素材文件\第4章\调节螺母和把手装配\tiaojieluomu. prt"文件，如图 4-2 所示。单击"打开"按钮将零件调入，并且出现"元件放置"操控板，如图 4-3 所示。

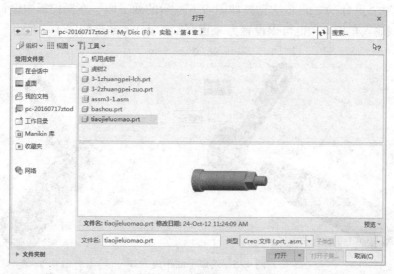

图 4-2　选择加载调节螺母零件

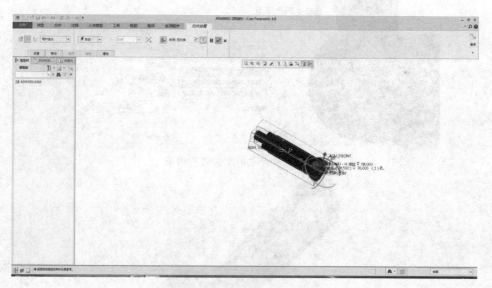

图 4-3　加载调节螺母到组件

在操控板中设置约束条件为"默认"，单击"确定"按钮✔，零件将会被装配到默认位置。

再次单击"组装"按钮🖫，在弹出的"打开"对话框中选择"bashou. prt"，单击"打开"按钮调入到组件中。

如图 4-4 所示，依次选择把手的 A_1 轴线，调节螺母的 A_3 轴线，设置关系类型为"重合"。

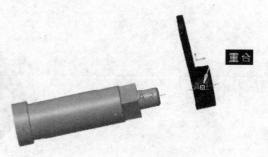

图 4-4　插入把手设置轴线重合

如图4-5所示，选择调节螺母平面并按住鼠标中键移动，将视图反转到能观察到把手下表面，选择把手的下表面，在"元件放置"面板中设置关系类型为"距离"，输入距离0（也可以设置为"重合"）；再依次选择如图4-6所示的两平面，在操控板中设置关系类型为"角度偏移"，输入角度0（也可以设置为"重合"约束），结果如图4-7所示。

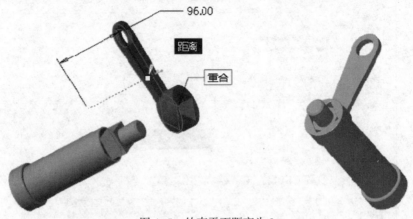

图4-5　约束平面距离为0

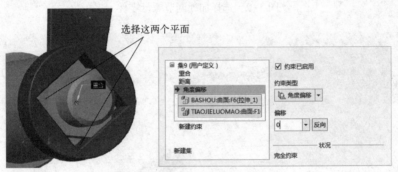

图4-6　设置"角度偏移"约束

图4-7　装配结果

4.1.3 装配约束类型

约束规定了新载入的零件相对于已载入零件或坐标系或基准面的放置方式，确定了新载入的零件在装配体中的相对位置，约束的设计是整个装配设计的关键。进行零件装配时，零件的操控板上会显示所使用的装配约束条件。常用的 11 种约束类型如图 4-8 所示。

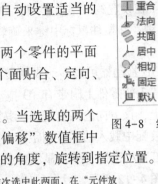

图 4-8　约束类型

　自动：选取零件和组件参考，由系统猜测意图而自动设置适当的约束。

　距离：使元件参考偏移至装配参考。若分别选中两个零件的平面（实体面或者基准平面）作为参考面，本约束可以使两个面贴合、定向、保持一定的偏移距离，如图 4-9 所示。

　角度偏移：即元件参考与装配参考成一定的角度。当选取的两个参考面具有一定的角度时，使用此约束类型，在"角度偏移"数值框中输入旋转角度，则添加的零件将根据参考面旋转所设定的角度，旋转到指定位置。

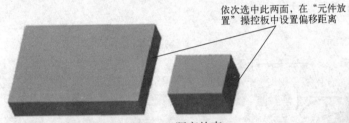

依次选中此两面，在"元件放置"操控板中设置偏移距离

图 4-9　距离约束

　平行：即元件参考定向至装配参考。平行约束可以使选取的两个零件的参考平行，此时可以确定新添加零件的约束方向，但是不能设置间隔距离。

　重合：即元件参考与装配参考重合，也就是使两个参考贴合在一起。重合是 Creo 中使用最频繁的约束条件，其约束的对象可以是点、线、面。

　法向：即元件参考与装配参考垂直。

　共面：即元件参考与装配参考共面，可以使两元件的两条线处于同一平面。

　居中：即元件参考与装配参考同心。

　相切：即元件参考与装配参考相切。通过控制新载入的零件与指定零件以对应曲面相切进行装配。该约束功能只保证曲面相切，而不对齐曲面。通常情况下，需要配合其他约束共同完成零件的完全约束，如图 4-10 所示。

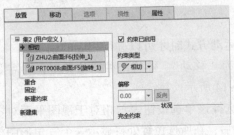

图 4-10　相切约束

固定：即将元件固定到当前位置。

默认：即在默认位置组装元件。该约束方式主要用于添加到装配环境中第一个元件的定位。通过该约束方式可将元件的坐标系与组件的坐标系对齐。之后载入的元件将参考第一个元件进行定位。

提示：如果仅一个约束不能定位零件的位置，可在"放置"面板中选择"新建约束"选项，设置下一个约束。确定零件位置后，单击"应用"按钮，即可获得零件约束设置的效果。

技巧：在设置约束集过程中，如果零件的放置位置或角度不利于观察，可按住〈Ctrl+Alt〉组合键，并按住鼠标中键来旋转零件，或右击，从弹出的快捷菜单中选择相应命令来移动零件。

通过 3D 拖动器可以移动或旋转零件到更便于约束的位置。使用方法：打开 3D 拖动器，则要载入的零件上附带有 3D 拖动器，如图 4-11 所示。移动鼠标到要移动的方向或旋转的方向上，该方向箭头会变粗，按住鼠标左键移动或旋转零件即可。

如果装配中载入的零件相距较远，在装配窗口中要同时选择两个参考对象时，可以单击按钮，打开小窗口，单独显示要载入的零件。在该窗口中可以对零件进行各种旋转和移动操作，如图 4-12 所示。

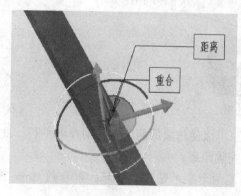

图 4-11　3D 拖动器

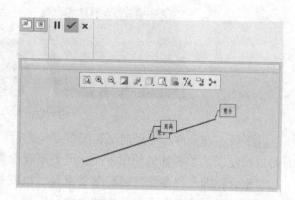

图 4-12　单独显示载入的零件

4.1.4　装配约束条件的变更

对零件进行相应的约束设置之后，还经常需要对部分约束的零件进行移动或旋转，来弥补放置约束的局限性，从而准确地装配零件。特别是在装配一些复杂的零件时，经常需要进行平移、旋转等动作，便于观察装配是否正确等，或者设置约束的顺序及设定的约束条件不正确时，需要对约束进行调整。

1. 运动方式

只有在零件没有被完全约束，满足以下运动方式时才可以进行相应的调整。

在"元件放置"操控板中，第二个选项为"移动"。不管何种运动类型，均需要选择运动的参考方式（有两种），如图 4-13 和图 4-14 所示。

- 在视图平面中相对：如图 4-13 所示。选择该单选按钮表示相对于视图平面对零件进行调整。在组件窗口中选取待调整的零件后，在所选位置处将显示一个三角形图标。此时按住鼠标中键拖动即可旋转零件；按住〈Shift〉键+鼠标中键拖动可旋转并移动零件。

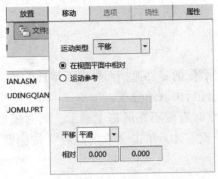

图 4-13　在视图平面中相对

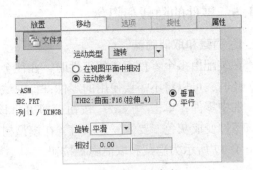

图 4-14　运动参考

- 运动参考：如图 4-14 所示。运动参考指相对于零件或参照对象调整所选定的零件。选择该单选按钮后，运动参考收集器将被激活。此时可选取视图平面、图元、边、平面法向等作为参考对象，但最多只能选取两个参考对象。指定好参考对象后，右侧的"垂直"或"平行"选项将被激活。选择"垂直"单选按钮，选取零件进行移动时将垂直于所选参考移动零件；选择"平行"单选按钮，选取零件进行移动时将平行于所选参考移动零件。

2. 运动类型

运动类型包括 4 种，如图 4-15 所示。

- 定向模式：在组件窗口中以任意位置为移动基准点，指定任意旋转角度或移动距离，来调整零件在组件中的放置位置，以达到完全约束。在"元件放置"操控板中展开"移动"面板，并在"运动类型"下拉列表中选择"定向模式"选项。

平移或旋转零件，只需选取新载入的零件，然后拖动鼠标即可将零件移动或旋转至组件窗口中的任意位置。

- 平移：直接在视图中平移零件至适当的装配位置。
- 旋转：绕指定的参考对象旋转零件。只需选取旋转参考后选取的零件，拖动鼠标即可旋转零件。
- 调整：为零件添加新的约束，通过指定的参考对零件进行移动。该移动类型对应的选项中新增加了"配对"和"对齐"两种约束，并可以在下面的"偏移"文本框中输入偏移距离来移动零件，如图 4-16 所示。

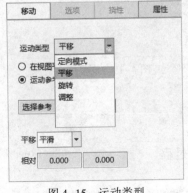

图 4-15　运动类型

图 4-16　调整

85

4.1.5 零件的隐藏和隐含

1. 隐藏和取消隐藏

在装配由多个零件组成的组件时，往往会发生已装配的零件遮挡而影响新零件的装配问题。此时，可以将不需要使用的零件进行隐藏，装配好后再取消隐藏。

选中零件，单击"隐藏"按钮，即可将该零件暂时隐藏不在屏幕上显示，同时模型树中该零件变成灰色。要恢复显示时，在模型树中选中该零件，单击"取消隐藏"按钮即可。如图 4-17 所示为隐藏和取消隐藏按钮。

图 4-17　隐藏和取消隐藏按钮

2. 隐含和恢复显示

隐含和恢复：在组件环境中隐含零件类似于将零件或组件从进程中暂时删除，而执行恢复操作可随时还原已隐含的零件，恢复至原来状态。通过隐含操作不仅可以将复杂装配体简化，而且可以减少系统的再生时间。

- 隐含零件或组件。在创建复杂的装配体时，为方便对部分组件进行创建或编辑操作，可将其他组件暂时删除，以使装配环境简洁，缩短更新和组件的显示速度，提高工作效率。在模型树选中要隐含的零件或组件，单击"隐含"按钮，如图 4-18 所示。此时所选对象将从当前装配环境中移除。

- 恢复隐含对象：要恢复所隐含的对象，必须在模型树中单击"设置"按钮 ，并在下拉列表中选择"树过滤器"，然后在打开的"模型树项"对话框选中"隐含的对象"复选框，如图 4-19 所示，所有隐含的对象将显示在模型树中。

图 4-18　"隐含"按钮

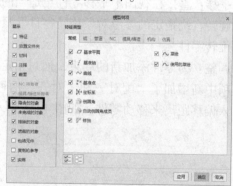

图 4-19　恢复隐含对象

4.2　实例：机用虎钳装配

下面以机用虎钳装配体为例，介绍组件的创建过程。

1. 新建组件 huqian. asm

首先设置当前工作目录为"\素材文件\机用虎钳\"。单击"新建"按钮 ，弹出"新建"对话框，如图 4-20 所示。在"类型"选项组中选择"装配"单选按钮，在"名称"文本框中输入"huqian"，取消选中"使用默认模板"复选框。单击"确定"按钮，弹出"新文件选项"对话框，选择"mmns_asm_design"，设置国际标准单位格式，如图 4-21 所示，单击"确定"按钮进入组件装配界面。

图 4-20　新建组件

图 4-21　设置单位格式

2. 加载固定钳身

单击"组装"按钮 ⬚，弹出"打开"对话框，选择"gudingqianshen. prt"，固定钳身调入组件界面，如图 4-22 所示。设置约束类型为"默认"，单击鼠标中键完成固定钳身的加载。

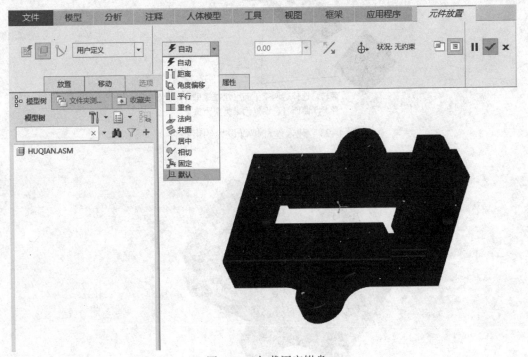

图 4-22　加载固定钳身

3. 加载丝杠螺母

单击"组装"按钮 ⬚，弹出"打开"对话框，选择"luomu. prt"，将丝杠螺母调入，分别设置 3 个约束条件，如图 4-23 所示。单击鼠标中键确定，结果如图 4-24 所示。

选择这两条轴线（丝杠螺母 A_2 轴线和固定钳身 A_2
轴线）设置约束条件为"重合"

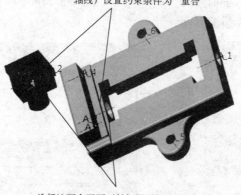

选择这两个平面（丝杠螺母 F6 曲面与固定钳身 F9 曲面），设
置约束类型为"距离"，且距离为-40，并且调整约束方向

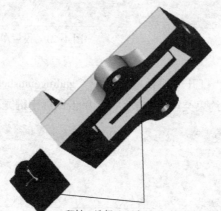

翻转，选择这两个平面（丝杠螺母 F6 曲面和固定钳
身 F11 曲面），设置约束类型为重合

图 4-23　载入丝杠螺母设置约束条件

图 4-24　丝杠螺母装配结果

4. 加载丝杠垫片

单击"组装"按钮 ⧉，弹出"打开"对话框，选择"dianpian.prt"，将垫片调入，按如图 4-25 所示设置约束，结果如图 4-26 所示。

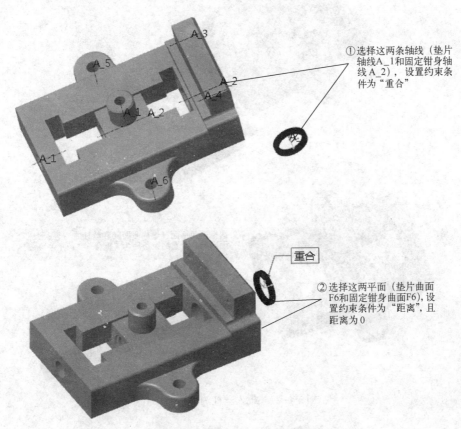

①选择这两条轴线（垫片轴线A_1和固定钳身轴线 A_2），设置约束条件为"重合"

重合

②选择这两平面（垫片曲面F6和固定钳身曲面F6)，设置约束条件为"距离"，且距离为 0

图 4-25　设置载入垫片约束条件

图 4-26　垫片装配结果

5. 加载丝杠

单击"组装"按钮 ⧉，弹出"打开"对话框，选择"sigang.prt"，将丝杠调入，按如

图 4-27 所示分别设置轴线重合、两平面重合。装配结果如图 4-28 所示。

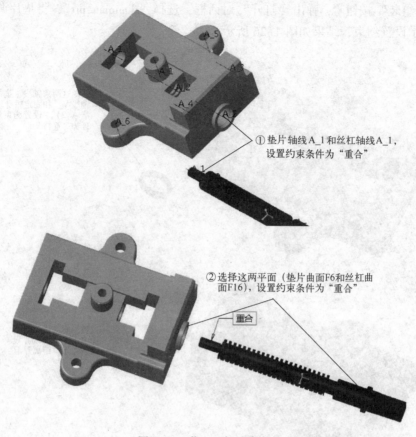

①垫片轴线A_1和丝杠轴线A_1，设置约束条件为"重合"

②选择这两平面（垫片曲面F6和丝杠曲面F16），设置约束条件为"重合"

重合

图 4-27 载入丝杠约束条件

图 4-28 丝杠装配结果

6. 加载螺母垫片

单击"组装"按钮，弹出"打开"对话框，选择"dianpian12. prt"，将 M12 用垫片调入，按如图 4-29 所示分别设置垫片的轴线和丝杠轴线重合，垫片端面平面和固定钳身的左侧面距离为 0，反向，装配结果如图 4-30 所示。

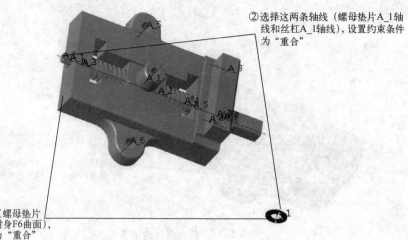

②选择这两条轴线（螺母垫片A_1轴线和丝杠A_1轴线），设置约束条件为"重合"

①选择这两平面（螺母垫片F6曲面和固定钳身F6曲面），设置约束条件为"重合"

图 4-29　载入螺母垫片约束条件

图 4-30　螺母垫片装配结果

7. 加载螺母

单击"组装"按钮，弹出"打开"对话框，选择"luomuM12. prt"，将 M12 螺母调入。设置螺母轴线和丝杠轴线对齐，再设置螺母端面和 M12 垫片外侧端面重合，如图 4-31 所示。装配结果如图 4-32 所示。

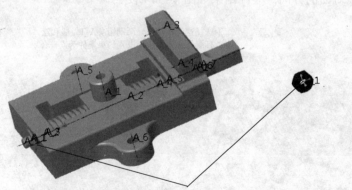

①选择这两条轴线（螺母A_1轴线和丝杠A_1轴线），设置约束条件为"重合"

图 4-31　载入螺母约束条件

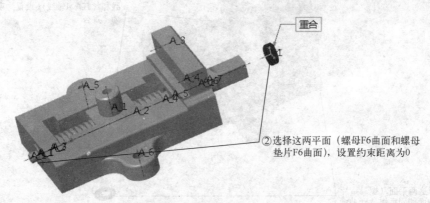

②选择这两平面（螺母F6曲面和螺母
垫片F6曲面），设置约束距离为0

图 4-31　载入螺母约束条件（续）

图 4-32　螺母装配结果

8. 加载活动钳身

如图 4-33 所示，调入"huodongqianshen.prt"，并设置活动钳身轴线和丝杠螺母轴线重合。再选择固定钳身上表面，单击鼠标中键翻转视图，选择活动钳身的下表面，设置约束条件为"重合"。分别选择活动钳身和固定钳身的两个平面，设置约束条件为"平行"，并选择反向，使其变成面对面的方向。装配结果如图 4-34 所示。

①选择这两条轴线（活动钳身A_1轴线和丝
杠螺母A_1轴线）设置约束条件为"重合"

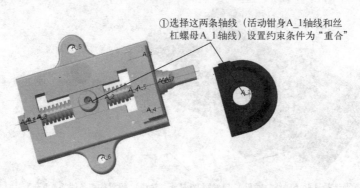

图 4-33　设置活动钳身约束条件

92

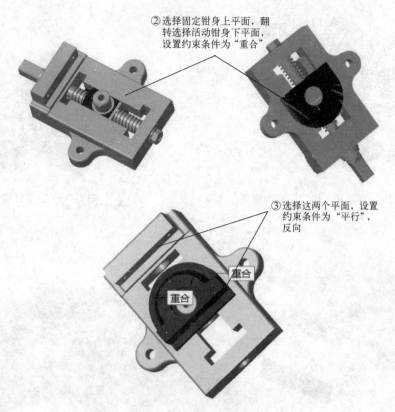

②选择固定钳身上平面，翻
 转选择活动钳身下平面，
 设置约束条件为"重合"

③选择这两个平面，设置
 约束条件为"平行"，
 反向

重合

重合

图 4-33　设置活动钳身约束条件（续）

图 4-34　活动钳身装配结果

9. 加载固定螺钉

单击"组装"按钮 ，弹出"打开"对话框，选择"gudingluoding. prt"，将固定螺钉
调入。依次选择固定螺钉和活动钳身轴线，设置约束条件为"重合"，再选择如图 4-35 所
示的两个平面，设置约束条件为"重合"。装配结果如图 4-36 所示。

10. 加载钳口板

单击"组装"按钮 ，弹出"打开"对话框，选择"qiankouban. prt"，将钳口板调入。
如图 4-37 所示，设置钳口板两孔轴线与活动钳身两孔对齐，并设置钳口板端面和活动钳身
右侧端面配对。装配结果如图 4-38 所示。

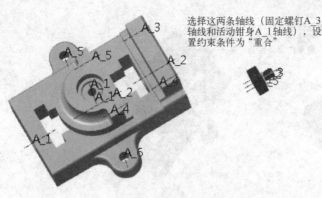

选择这两条轴线（固定螺钉A_3轴线和活动钳身A_1轴线），设置约束条件为"重合"

图 4-35 载入固定螺钉约束条件

图 4-36 固定螺钉装配结果

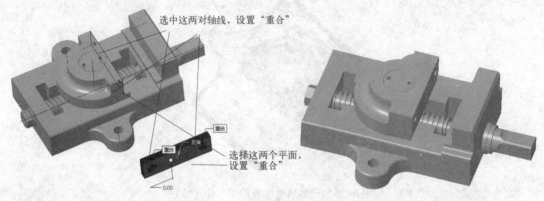

选中这两对轴线，设置"重合"

重合 距离 重合

0.00

选择这两个平面，设置"重合"

图 4-37 载入钳口板约束条件

图 4-38 钳口板装配结果

11. 加载 M6 螺钉

单击"组装"按钮 ，弹出"打开"对话框，选择"luodingM6. prt"，将螺钉调入。按如图 3-39 所示设置 M6 螺钉轴线和钳口板孔轴线重合、螺钉平面和钳口板端面平齐。装配结果如图 4-40 所示。

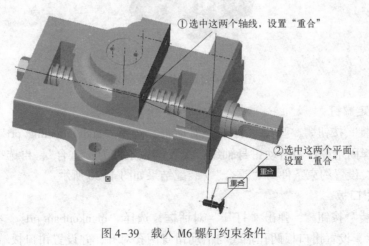

①选中这两个轴线，设置"重合"

②选中这两个平面，设置"重合"

重合

图 4-39 载入 M6 螺钉约束条件

12. 复制粘贴 M6 螺钉

选择装配完成的 M6 螺钉,单击工具栏上的"复制"按钮 ▣,再从"粘贴"下拉菜单中选择"选择性粘贴"命令,弹出"选择性粘贴"对话框,如图 4-41 所示,选中"对副本应用移动/旋转变换"复选框,然后选择活动钳身最前面的表面,输入-75。如图 4-42 所示,单击鼠标中键确认。

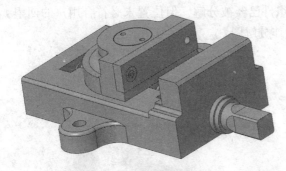

图 4-40　M6 螺钉装配结果

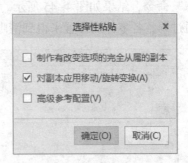

图 4-41　"选择性粘贴"对话框

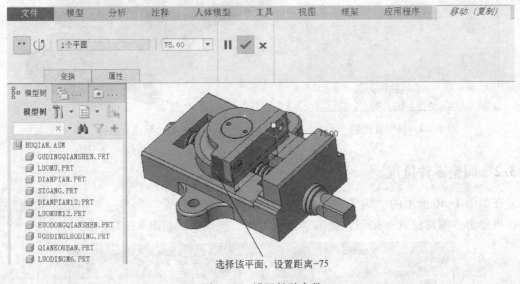

选择该平面,设置距离-75

图 4-42　设置粘贴参数

13. 加载固定钳身上的钳口板和 M6 螺钉

用步骤 10、11、12 的方法,在固定钳身上装配钳口板和 M6 固定螺钉,装配结果如图 4-43 所示。

4.3　装配体爆炸图

组件由多个零部件组成,组装在一起,一般难以清晰区分各个零部件。在一些特定的场合,如产品说明书中,往往也需要有立体分解的轴测图,以便于了解产品系统的构成。在 Creo 中,通过视图管理器来实现装配体的爆炸图。

图 4-43　机用虎钳装配完成

4.3.1 创建装配体分解状态

选择视图工具栏，单击"管理视图"下拉按钮 ，选择"视图管理器"，出现如图 4-44 所示的"视图管理器"对话框。

在"分解"选项卡中，双击"默认分解"选项或打开"编辑"下拉菜单，选择"分解状态"命令，结果如图 4-45 所示。此时组件已经被分解，但位置未必符合用户的期望，可以通过调整各零件的位置来得到清晰的爆炸分解图。

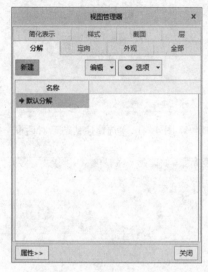

图 4-44　视图管理器

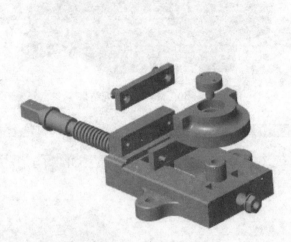

图 4-45　默认分解图

4.3.2 调整零件位置

在如图 4-46 所示的"编辑"下拉菜单中选择"编辑位置"命令，或单击"属性"按钮，再单击"编辑位置"按钮，弹出"分解工具"操控板，如图 4-47 所示。

图 4-46　编辑位置

96

図 4-47 "分解工具" 操控板

如图 4-48 所示，单击"分解工具"操控板中的"参考"按钮，选择"要移动的元件"下的选项，选择 SIGANG.prt；再选择"移动参考"下的选项，选择一根和丝杠同方向的轴线或边。选择的对象自动填入"参考"面板的相应位置。

如图 4-49 所示，此时丝杠上会出现一个坐标系，移动鼠标，使 X 轴呈粗线，即可以沿 X 方向移动丝杠。此时单击鼠标左键并左右移动鼠标，可以拖动丝杠将其移动到合适的位置。

用同样的方法，分别移动其他的零件。移动中注意移动方向是通过坐标系的 XYZ 三个轴来控制和提示的，当某轴呈粗线显示时，即沿该轴向移动。调整结果如图 4-50 所示。

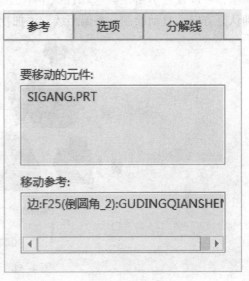

图 4-48 参考选项

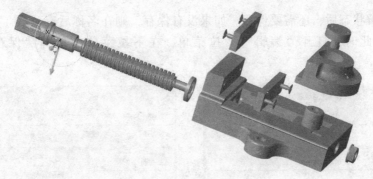

图 4-49   沿 X 方向移动丝杠

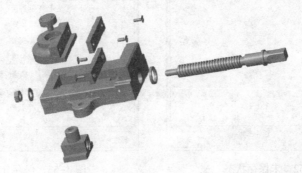

图 4-50   分解后的机用虎钳

4.3.3　创建偏距线

有时限于图纸的幅面布局，需要将零件在一个方向上的组合移动到另一个位置，为了更加清晰地表示它们之间的对接装配关系，需要添加偏距线。

如图 4-51 所示，要在固定钳身轴线和分解移动后的丝杠孔轴线间绘制偏距线表示连接关系，可以在"分解工具"操控板中单击"创建修饰偏距线"按钮 ，然后选择两个轴线，确认好方向，自动绘制一条偏距线，添加拐角并移动位置后如图 4-51 所示。

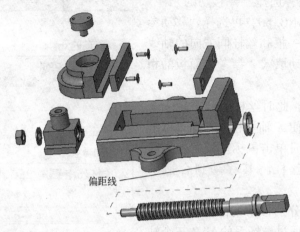

偏距线

图 4-51　创建修饰偏距线

4.3.4　保存分解状态

修改了分解状态后，还需要保存。如果没有保存，则在名称后有"（+）"的提示，如图 4-52 所示。此时，打开"编辑"下拉菜单，在下拉菜单中选择"保存"命令，如图 4-53 所示。

图 4-52　未保存状态

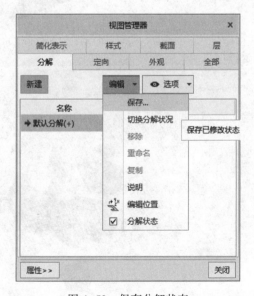

图 4-53　保存分解状态

随后弹出"保存显示元素"对话框，如图4-54所示。用于设置保存的视图方向等内容。可以输入视图名称或在右侧的下拉列表中选择希望保存的视图方向，单击"确定"按钮。如果已经保存有相同名称的视图，则会弹出是否覆盖的确认对话框，否则，直接保存该视图。

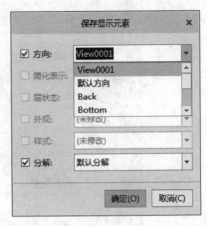

图4-54 "保存显示元素"对话框

4.4 修改装配体中的部件和零件

如果发现装配的组件不正确，需要重新进行装配，此时可以在模型树中选择需要修改的零部件（子组件），右击，从弹出的快捷菜单中选择"编辑定义"命令，如图4-55所示。

此时，可以修改原有约束属性定义，如图4-56所示，和刚插入零件时的界面类似。

图4-55 编辑定义已装配零件

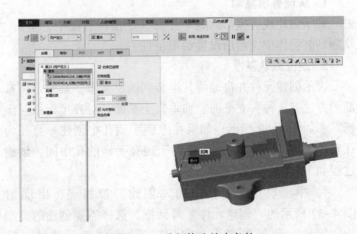

图4-56 重新修改约束条件

用户可以选择原有的约束，进行修改，也可以删除原有约束、增加新的约束等。完成后单击鼠标中键或右上角的"确定"按钮，或者单击右上角的"放弃"按钮放弃修改。

如果装配组件时发现零件设计有误，此时，可以在模型树中选中该零件，右击，在弹出的快捷菜单中选择"打开"命令，即可进入零件设计模块，重新对零件进行设计修改。所做的修改自动带入组件模块中。

4.5 在装配体中创建零件

除了对原有部件和零件进行修改外，还可以直接在装配体中创建零件。单击模型工具栏中的"创建"按钮，出现如图4-57所示的"创建元件"对话框，选择需要创建的类型和子类型，输入创建元件的名称，单击"确定"按钮，出现如图4-58所示的"创建选项"对话框。

图 4-57 "创建元件"对话框

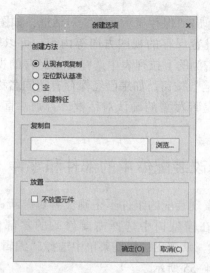

图 4-58 "创建选项"对话框

在"创建方法"选项组中，可以看到"从现有项复制""定位默认基准""空""创建特征" 4 种方法。

1. 从现有项复制

表示创建现有模型的副本并将其定位在装配中，单击"浏览"按钮，可以将现有零件复制到装配体中，然后设置约束条件。

2. 定位默认基准

表示创建元件并自动将其组装到选定参考。其中定位基准的方法有 3 种：立平面、轴垂直于平面、对齐坐标系与坐标系，如图 4-59 所示。如果在上例手柄孔中创建一直径为孔直径的柱，长度 100，并放置于现有手柄的孔中间，创建过程如下。

图 4-59 定位默认基准

1）单击模型工具栏中的"创建"按钮 ，出现如图 4-57 所示的"创建元件"对话框，选择需要创建的类型为"零件"和子类型为"实体"，输入创建元件的名称"zhu"，单击"确定"按钮，出现如图 4-59 所示的"创建选项"对话框，选择"定位默认基准""轴垂直于平面"单选按钮，单击"确定"按钮。

2）如图 4-60 所示，依次选择把手的上表面和轴 A_2，组件处于未被激活状态，单击工具栏中的"草绘"按钮，选择把手上表面作为草绘平面，默认平面为参考平面，单击"草绘"面板中的"草绘"按钮，进入草绘器。

3）草绘界面出现如图 4-61 所示的"参考"对话框，选择把手孔的轴 A_2 和边 F8 为参考，单击"确定"按钮，绘制与把手孔同样大小的同心圆。

4）单击"草绘"面板中的"确定"按钮，退出草绘器。单击"拉伸"按钮 ，选择 ，设置拉伸深度为 100，单击"确定"按钮。

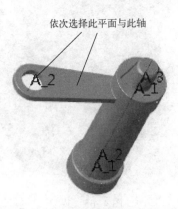

依次选择此平面与此轴

图 4-60　选择创建定位基准

图 4-61　草绘参考

5）此时模型树中的"zhu. prt"子项下有绿色图标，表示"zhu"零件仍处于激活状态。右击模型树中的"zhu. prt"，从弹出的快捷菜单中选择"打开"命令，则"zhu. prt"在新窗口被单独打开，将此窗口关闭后，则"zhu. prt"装配完成，结果如图 4-62 所示。

3. 空

表示创建不具有初始几何的元件。

4. 创建特征

表示使用现有装配参考创建新零件几何。其创建过程与使用定位默认基准创建元件方法类似，用户可自行练习。

图 4-62　定位默认基准创建元件

注意：在创建新零件时，参照对象可以是不同零件上的特征。

4.6　元件操作

Creo 可以对多个零件进行布尔运算、组、复制等操作，如布尔运算中的合并、剪切、相交等。单击"元件"按钮后，弹出如图 4-63 所示的菜单管理器，选择"布尔运算"命令，则打开如图 4-63 所示的"布尔运算"对话框。

如图 4-64 所示，一个六棱柱上要压出一个异形图案，将两个零件装配一起后，可以通过元件操作实现。

首先，将两个零件按压印位置和深度装配到一起，如图 4-65 所示。然后执行"元件"操作，在菜单管理器中选择"布尔运算"命令。

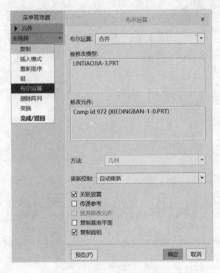

图 4-63　元件操作菜单

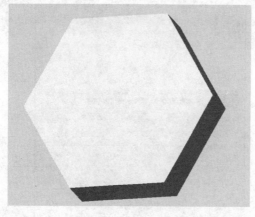

图 4-64　初始六棱柱

图 4-65　装配

　　如图 4-66 所示，在"布尔运算"对话框中选择"剪切"选项，在"被修改模型"框中选择六棱柱，"修改元件"选择为异形件，单击"确定"按钮并退出元件操作。单独打开六棱柱或将异形件隐藏，结果如图 4-67 所示。

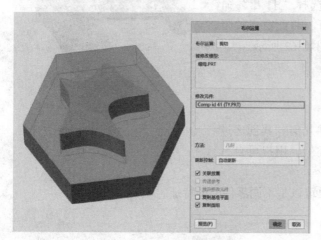

图 4-66　执行布尔"剪切"操作

图 4-67　剪切结果

第5章 工 程 图

工程图主要由零件或组件的各种视图、尺寸和技术要求、标题栏等信息组成，工程图模块是进行产品设计的重要辅助模块，以图样形式向生产人员传达产品的结构特征和制造技术要求。本章主要介绍零件工程图的创建方法，有关组件工程图请参见实训部分。

5.1 工程图模块简介

如图5-1所示为一张零件工程图。零件图所含的信息包括视图（主视图、俯视图、左视图等）、剖面、尺寸、尺寸公差、几何公差、几何公差基准、注释、表面粗糙度、标题栏等。

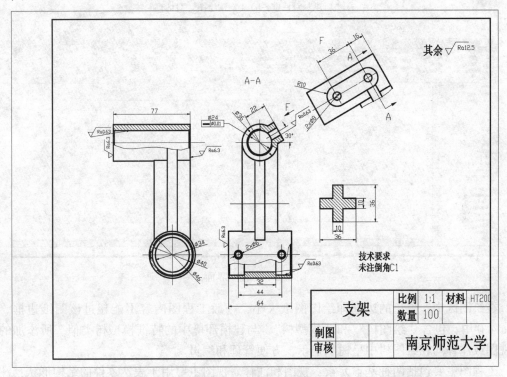

图5-1 零件工程图

新建工程图：单击"新建"按钮，在打开的"新建"对话框（见图5-2a）中，将"类型"设置为"绘图"，并取消选中"使用默认模板"复选框。在"名称"文本框中输入工程图名称，单击鼠标中键或单击"确定"按钮，弹出"新建绘图"对话框，如图5-2b所示。如果绘制的图形是针对当前编辑模型的，则在"默认模型"文本框中会自动填入该模型名称。否则，可以单击后面的"浏览"按钮，选择要使用的模型。根据需要选择绘图模板或图纸大小、方向等，单击"确定"按钮即进入工程图绘制环境，如图5-3所示。

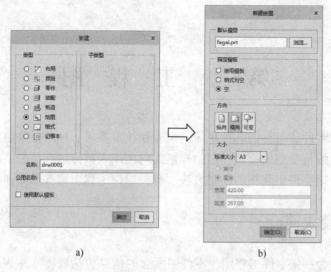

a)   b)

图 5-2　新建工程图

a）"新建"对话框　b）"新建绘图"对话框

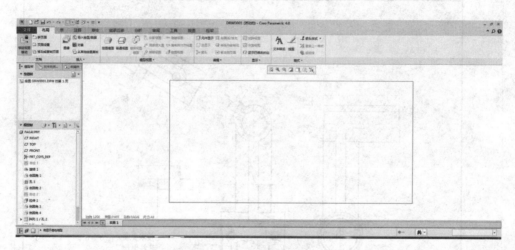

图 5-3　工程图界面

在绘图区中，黑色的边框即绘图图纸大小，一般工程图内容不能超过该图纸边框。在 Creo 4.0 中，包含"绘图树"和"模型树"，与建模环境中的特征模型树类似。所添加的各个视图或注释均在绘图树中呈树状显示，方便管理和编辑。

工程图主要包括两种基本元素：视图和注释。视图主要用于表达零件的结构形状；注释主要为模型添加尺寸、公差和其他行为说明。

1. 视图

视图是实体模型对某一方向投影后所创建的全部或部分二维图形。根据表达细节的方式和范围的不同，视图可分为全视图、半视图、局部视图和破断视图等。而根据视图的使用目的和创建原理的不同，还可将视图分为一般视图、投影视图、辅助视图和旋转视图及剖切后的各种剖视图等。

2. 注释

注释是对工程图的辅助说明。使用视图虽然可以清楚地表达模型的几何形状，但无法说明模型的尺寸大小、材料、加工精度、公差值，以及一些设计者需要表达的其他信息。此时就需要使用注释对视图加以说明。根据创建目的和方式的不同，注释可分为尺寸标注、公差标注和注释标注等。

5.2 工程图绘制

工程图的图形部分由不同类型的视图和断面图等所组成，从而能完整地表达零件结构形状。但一般情况下工程图均包括一些基本视图，如用主视图表达零件的主体形状，投影视图辅助表达零件结构，以及轴测图辅助反映模型的三维效果。

5.2.1 一般视图

一般视图是工程图中的第一视图，也可以作为其他投影视图的父视图。要创建一个一般视图，首先必须确定视图的放置位置，然后调整视图的方位。零件主视图往往应该是最能够反映零件主体特征的视图。

确定视图放置位置：确定模型第一个视图的放置位置，只需在图中相应位置单击即可。用该方式创建工程图时，模板一般指定为空模板。进入工程图界面后，单击"普通视图"按钮 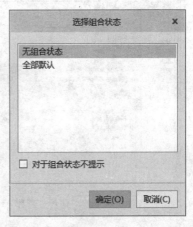，出现如图 5-4 所示的"选择组合状态"对话框，选择"无组合状态"选项，单击"确定"按钮。在图中的合适位置单击，确定视图的中心点，即可确定一般视图的中心位置。随即会打开"绘图视图"对话框，如图 5-5 所示。

图 5-4 "选择组合状态"对话框

图 5-5 视图放置位置及"绘图视图"对话框

在对话框中的"类别"列表框中显示了8个参数，具体如下。

（1）视图类型

如图5-5所示，视图类型包括视图名称、类型、视图方向等。

1）视图名称：设置视图名称。

2）类型：设置视图的类型。如果是第一个视图，则默认为常规，并且不可以修改。如果插入的是其他种类的视图，则还包括常规、投影、详细、辅助、旋转、复制并对齐、展平板层等选项。如图5-6所示为设置视图类型的界面。

对于"投影"视图，在图5-7所示的界面可以设置视图属性，下面列出的设置栏目根据视图类型不同而不同。

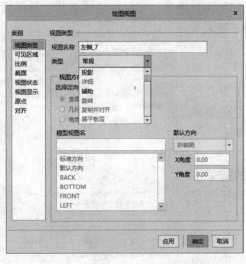

图5-6 "视图类型"设置

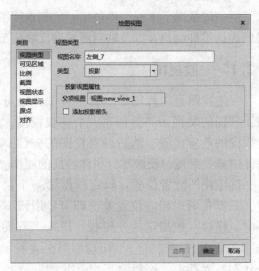

图5-7 "视图属性"设置

对"常规"视图而言，还可以设置视图方向。在添加常规视图时，系统默认轴测方向为视图方向。但该视图的方位一般不能满足绘图的需要，因而需要调整至所需的视图方向。在"绘图视图"对话框中指定所需的视图方向，即可将刚确定位置的一般视图调整至所需方向。

- 查看来自模型的名称：如图5-8所示，即通过从模型中选择一个已保存名称定向视图，在"模型视图名"下方的列表框中通过移动滚动条以显示所有的名称，选择需要的名称即可。"默认方向"中可以设置等轴测或斜轴测或者选择用户定义，在下方输入X角度和Y角度。

- 几何参考：如图5-9所示，即通过选择几何参考定向视图。如分别设置方向朝前和朝上的两个面来确定视图方向等。

- 角度：如图5-10所示，即通过选择旋转参考和旋转角度定向视图。"旋转参考"包括：法向，即旋转轴垂直于屏幕；竖直，旋转轴上下竖直方向；水平，旋转轴左右水平方向，以及边/轴，旋转轴为选定的边或轴线。然后在"角度值"数值框中输入旋转的角度即可。

（2）可见区域

"可见区域"用于控制视图的可见范围，即根据显示范围分类的视图，包括全视图、半视图、局部视图和破断视图。根据不同的可见区域，其下可以设置相应的属性，如

图 5-11 所示。

图 5-8　根据"查看来自模型的名称"设置视图方向　　图 5-9　根据"几何参考"设置视图方向

 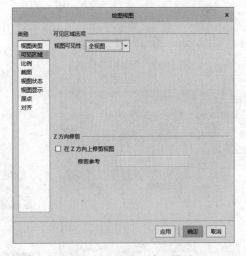

图 5-10　根据"角度"设置视图方向　　　　　图 5-11　"可见区域"设置

Z 方向修剪：用于设置是否在 Z 方向进行修剪，以及设置 Z 方向修剪的参考。

（3）比例

"比例"用于设置视图的绘制比例，如图 5-12 所示。包括使用页面的默认比例（1：1），或者输入一个比例值以自定义一个比例。如果是透视图，则需要设置观察距离和视图直径。

（4）截面

"截面"用于设置剖视图的截面。

● 无截面：显示为视图而非剖视图，如图 5-13 所示。

● 2D 横截面：用于绘制剖视图，如图 5-14 所示。选择该单选按钮后，可以通过下面的"+""-"号添加或删除二维截面。如果在模型编辑环境下预先设置好了截面，则这里通过列表中的下拉箭头可以列出已设的可以使用的截面，直接选择即可。如果预先没有设置截面，则可以创建新的截面，此时会弹出如图 5-15 所示的"菜单管理器"，通过它新建一个截面。

- 3D 横截面：如果在模型中创建了 3D 横截面，则可以在视图中显示出来。如图 5-16 所示。如果创建了多个，则可以从横截面名称后的下拉列表中选取。
- 单个零件曲面：用于绘制单个零件的曲面。一般用于绘制零件的某个端面向视图。

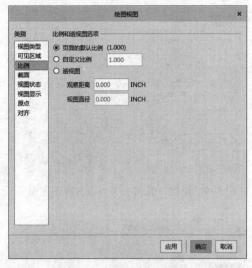

图 5-12 "比例"设置

图 5-13 "截面"设置

图 5-14 "2D 横截面"设置

图 5-15 "横截面创建"菜单管理器

图 5-16 3D 横截面视图

（5）视图状态

"视图状态"用于设置视图的状态，包括组合状态、分解视图、简化表示，如图 5-17 所示。

（6）视图显示

"视图显示"用于设置视图显示选项，如图 5-18 所示。

- 显示样式：如图 5-19 所示，显示样式包括跟随环境、线框、隐藏线、消隐、着色、带边着色。

108

- 相切边显示样式：用于设置相切边的显示模式，如图 5-20 所示。
- 面组隐藏线移除：设置面组隐藏线是否移除。
- 颜色来自：设置颜色来自绘图或模型。
- 骨架模型显示：设置骨架模型隐藏或显示。
- 焊件横截面显示：用于设置是否显示焊缝横截面。
- 剖面线的隐藏线移除：设置是否移除剖面线的隐藏线。

图 5-17 "视图状态"设置

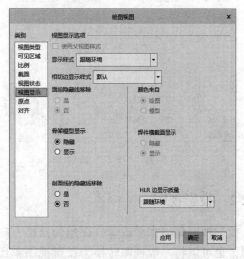

图 5-18 "视图显示"设置

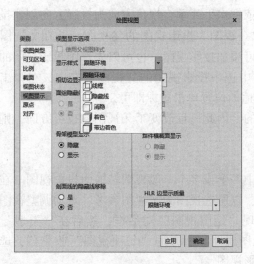

图 5-19 "显示样式"设置

图 5-20 "相切边显示样式"设置

（7）原点

"原点"用于设置视图原点位置，如图 5-21 所示，包括"视图中心"和"在项上"两个单选按钮，还可以设置页面中的视图位置坐标。

（8）对齐

"视图对齐选项设置"界面如图 5-22 所示。包括是否将此视图与其他视图对齐，或者设置成"水平"或"竖直"。如果对齐，则需要设置对齐的参考，包括此视图上的点和其他视图上的点。

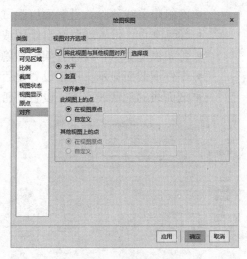

图 5-21 "原点"设置　　　　　　　　图 5-22 "对齐"设置

5.2.2　投影视图

投影视图是以水平或垂直视角为投影方向创建的直角投影视图。不仅可以直接添加投影视图，也可以将一般视图转换为投影视图，还可以调整投影视图的位置。

（1）添加投影视图

添加投影视图就是以现有视图为父视图，依据水平或垂直视角方向为投影方向创建投影视图。单击"投影视图"按钮 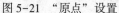，在图中选取一视图为投影视图的父视图，并在父视图的水平或垂直方向上单击，以放置投影视图，即可添加投影视图。也可以先选中投影视图的父视图，再单击"投影视图"按钮，或在绘图树中选中投影视图的父视图后右击，在弹出的快捷菜单中选择"投影视图"命令，移动到合适的位置单击鼠标即可。

投影视图是根据父视图按照投影关系产生的，因此一旦改变了父视图的投影方向，则相应的投影视图也会发生改变。

（2）一般视图转换为投影视图

当存在两个或多个一般视图时，可以将其中一个或多个一般视图转换为投影视图。在转换过程中，被转换的一般视图将按照投影原理，以所选视图为父视图参考，自动调整视图方向。双击需要转换为投影视图的一般视图，出现"绘图视图"对话框，然后在"类型"下拉列表中选择"投影"选项，并单击"投影视图属性"下方的"父项视图"收集器，选取父项视图，即可将所指定的一般视图转换为投影视图。

（3）移动投影视图

创建工程图时，视图的放置位置往往需要多次移动调整，才能使视图的分布达到布局合理的效果。

（4）移动投影方向上的视图

在投影方向上移动投影视图时，对于基本视图只能在水平或竖直方向移动，对于辅助视图如斜视图、斜剖视图等，也只能在投影方向上移动，必须保证和父视图的对应关系。选中需要移动的投影视图，单击工具栏中的"锁定视图移动"按钮 ，使其处于未被选中状态，

110

或者在绘图树中选取需要移动的投影视图并右击，在打开的快捷菜单中取消选择"锁定视图移动"命令，然后单击该视图并拖动，即可在视图的投影方向上进行移动。

（5）任意移动视图

该移动方式是指视图可以随鼠标的拖动在任意方向上进行移动。双击需要移动的视图，在打开的"绘图视图"对话框的"类别"选项组中选择"对齐"选项，然后取消选中"将此视图与其他视图对齐"复选框，并单击"确定"按钮，即可将投影视图移动至任意位置。

5.2.3 轴测图

轴测图是指用平行投影法将物体连同确定该物体的直角坐标系，一起沿不平行于任一坐标平面的方向投射到一个投影面上所得到的图形。零件的轴测图接近人们的视觉习惯，但不能准确反映物体的真实形状和大小，仅作为辅助图样，辅助解读正投影视图。工程上一般采用正投影法绘制物体的投影图。它能完整准确地反映物体的形状和大小，且质量好、作图简单，但立体感不强，具备一定读图能力的人才能看得懂，因此需要采用立体感较强的轴测图来作为辅助表达方法。轴测图具有平行投影的所有特性。

- 平行性：物体上互相平行的线段，在轴测图上仍互相平行。
- 定比性：物体上两平行线段或同一直线上的两线段长度之比，在轴测图上保持不变。
- 实形性：物体上平行轴测投影面的直线和平面，在轴测图上反映实长和实形。

在创建一般视图时，单击指定视图中心位置后，开始模型均是以轴测图显示的。在绘制一幅工程图时，当创建完模型的主视图、投影视图和局部视图等平面视图后，便可以添加模型的轴测图，直观地表达模型的形状和结构。在"绘图视图"对话框的"模型视图名"下拉列表中选择"标准方向"或"默认方向"，均可以立体方式创建模型视图，而在右侧的"默认方向"下拉列表中提供了 3 种模型放置方式。

- 等轴测与斜轴测：这两种方式是按投影方向对轴测投影面相对位置的不同所创建的两种类型的视图。当投影方向垂直于轴测投影面时，即可创建等轴测图（又称为正轴测图）；当投影方向倾斜于轴测投影面时，即可创建斜轴测图，效果如图 5-23 所示。

图 5-23　斜轴测和等轴测效果

- 用户定义：该方式是用户通过手动设置 X、Y 的角度数值来确定投影方向的，进而创建所需的轴测视图。通过该方式可创建任意角度的轴测视图。

5.3　创建高级工程图

视图用于表达零件结构形状。在 Creo 中，视图的种类非常丰富。根据视图的使用目的和创建原理、剖切表示范围的不同，可将视图分为全视图、全剖视图、半视图、半剖视图、局部视图、局部剖视图、辅助视图（斜视图）、详细视图、旋转视图（断面图）、旋转剖视图和破断视图等。

5.3.1 全视图和全剖视图

1. 全视图

该视图类型为系统默认的视图类型，应用十分广泛，使用全视图可以较好地表达模型外部轮廓形状。如图 5-24 所示为全视图。单击"普通视图"按钮，选择"无组合状态"，指定视图的放置位置后，弹出"绘图视图"对话框，如图 5-25 所示。设置"视图类型"中的"视图模型名"为"Front"；将"比例"改为自定义比例"1.0"；将"视图显示"中的"显示样式"改为"消隐"，将"相切边显示样式"设置为"无"，即可创建该阀盖模型的主视图（全视图）。选中该主视图，单击工具栏上的"投影视图"按钮 ，在主视图下方合适的位置单击，插入俯视图。双击该俯视图，并参照主视图的设置，修改"绘图视图"参数，其中将"视图显示"选项组中的"显示样式"改为"隐藏线"，其不可见轮廓线显示为灰色。

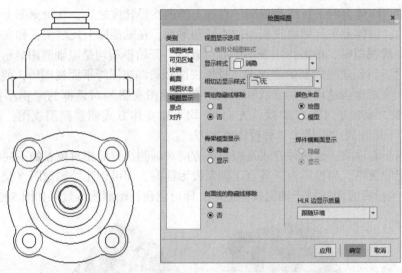

图 5-24　全视图　　　　图 5-25　绘图视图参数修改

2. 全剖视图

全剖视图是用剖切平面将零件完全剖开后所创建的视图。全剖视图主要用于表达内部结构比较复杂，而外部形状相对简单的零件模型。放好主视图后单击"投影视图"按钮 ，在主视图下方创建主视图的投影视图即俯视图。然后选中主视图并双击，在打开的"绘图视图"对话框的"类别"选项组中选择"截面"选项，如图 5-26 所示。选择"2D 横截面"单选按钮。接下来单击"+"按钮，在打开的"横截面创建"菜单管理器中选择"平面"→"单一"→"完成"命令，如图 5-27a 所示。在随后弹出的文本框中输入横截面名称 A，如图 5-27b 所示，并拾取俯视图上的 FRONT 平面作为剖切平面，单击"绘图视图"对话框中的"确定"按钮，即可将主视图转化为全剖视图，效果如图 5-28 所示（FRONT 平面可以从模型树中，或打开基准面显示后从视图中选取）。

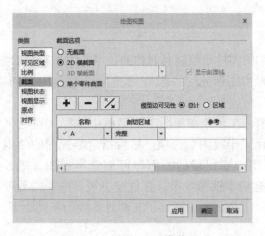

图 5-26 设置"2D 横截面"

提示：如果零件已在模型状态下创建了相应的剖切面，则创建模型的全剖视图时，直接通过单击"+"并在"名称"下拉列表中选择指定剖切面即可。

a)

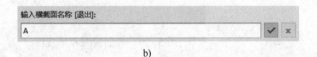

b)

图 5-27 创建剖切面

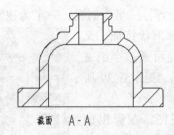

截面 A-A

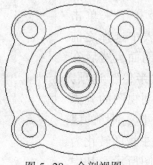

图 5-28 全剖视图

5.3.2 半视图

半视图是指对于对称的零件只绘制其对称的一半，用平行的双细实线在对称轴线上进行标注，如图 5-29 中的俯视图所示。一般在因受图纸幅面限制而布局出现困难的情况下使用。

双击需要修改的视图，在"绘图视图"对话框中选择"可见区域"选项，并在"视图可见性"下拉列表中选择"半视图"选项。然后指定半视图的"对称线标准"类型，并在图中选择参考平面和视图中要保留的一侧即可创建半视图。图 5-29 俯视图所示即是以FRONT 面为分割面所创建的半视图效果。在创建半视图时，需要使用一条对称线表示分割平面，在"对称线标准"下拉列表中提供了 5 种对称线的不同类型，可以用作"对称线"。

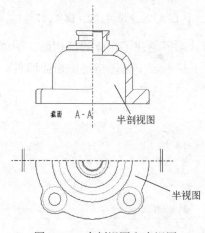

图 5-29　半剖视图和半视图

5.3.3 半剖视图

半剖视图是以对称中心线为界，一半为剖视，一半为视图。对于具有对称或者近似对称结构的零件，既要表示出其外部形状特征，又要表示出其内部的结构，此时便可通过半剖视图同时将外形和内腔表达出来。如图 5-29 所示主视图即为半剖视图。

双击需要修改为半剖的视图，在弹出的"绘图视图"对话框中选择"截面"选项，并选择"2D 横截面"单选按钮。接下来单击"+"按钮，在"名称"下拉列表中选择之前创建的剖面，或创建一个新的剖面，然后在"剖切区域"下拉列表中选择"半倍"选项，如图 5-30 所示。再指定视图和剖视图的分界面为参考面，箭头指向的区域就是要剖切的区域，单击"确定"按钮，即可将主视图转化为半剖视图，效果如图 5-29 主视图所示。其中

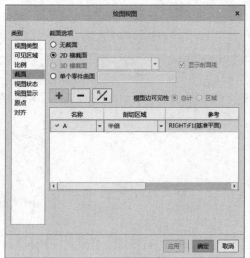

图 5-30　半剖视图设置

半剖视图的分界线由绘图选项中的参数 half_section_line 控制，具体参见 5.8 节。

5.3.4　局部视图

　　如果只需要表示零件的一个局部结构，无须绘制整个视图，可以采用局部视图。局部视图一般用于突出重点想要表示的部分，或者不适合与其他部分同时表达（如倾斜结构）。绘制局部视图时可以采用不同的比例，除非外轮廓线正好形成封闭，否则需要绘制假想机件断裂处的波浪线。Creo 以此波浪线为界，显示边界内的视图，而删除边界外的视图。

　　双击需要修改为局部视图的视图，如图 5-31 所示。在"绘图视图"对话框中选择"可见区域"选项，并在"视图可见性"下拉列表中选择"局部视图"选项。然后在图中局部视图范围内拾取线上一点作为视图范围内部参考点，并围绕该点绘制一条封闭的样条曲线以便确定区域边界（绘制边界时，最后一点无须刻意对齐封闭，单击鼠标中键可以自动封闭），最后单击"确定"按钮，创建局部视图，如图 5-32 所示。对没有被投影视图投影对正关系约束的局部视图，切换至"注释"选项卡，双击所创建的局部视图下方的比例数值，并在打开的提示栏中输入视图新的比例数值，即可创建局部放大视图，效果如图 5-33 所示。

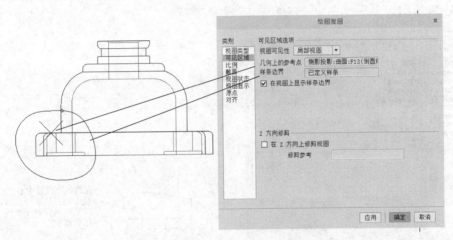

图 5-31　"局部视图"属性及范围设置

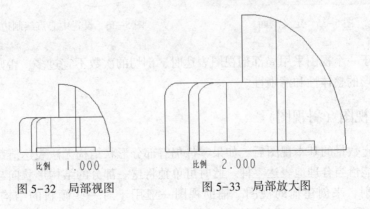

比例　1.000

图 5-32　局部视图

比例　2.000

图 5-33　局部放大图

5.3.5　局部剖视图

　　局部剖视图是用剖切面局部地剖开零件所创建的视图。局部剖视图一般会设定一个剖切范围，一般以波浪线进行分隔。用剖切方法表达剖切后的内部结构。局部剖视图是一种灵活的表达方法，经常用于表达零件上一些小孔、槽或凹坑等局部结构的形状。对于非对称的零件，外形和内腔都要表达，而不适合使用半剖视图时，应该采用局部剖视图。如图5-34所示为局部剖视图示例。创建过程为：首先在建模环境中为零件创建剖截面C（也可以在工程图中创建剖切面）。然后双击需要修改的视图，并在打开的"绘图视图"对话框中选择"截面"选项，并选择"2D横截面"单选按钮，如图5-35所示。接着单击"添加"按钮，指定先前创建的剖面C，设置"剖切区域"为"局部"。在图5-36所示的边上单击，选取一点作为中心点。然后，针对需要修改为局部剖的区域，围绕该中心点绘制一样条曲线，最后单击鼠标中键封闭样条曲线。单击"绘图视图"对话框中的"确定"按钮创建局部剖视图。结果如图5-34所示。

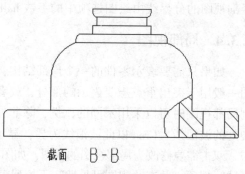

图5-34　局部剖视图

图5-35　定义剖面

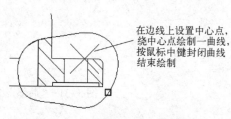

图5-36　设置中心点绘制边界线

提示：对于一个视图采用局部剖视图表达时，剖切的次数不宜过多，否则会使图形过于破碎，影响图形的整体性和清晰性。

5.3.6　辅助视图（斜视图）

当采用一定数量的基本视图后，如果零件仍有部分形状结构无法表达清楚，则继续采用基本视图已不能恰当合理地表达零件。此时可单独将这一部分的结构形状向与该部分结构垂直的投影面投射，来创建辅助视图。辅助视图一般用于对一些倾斜的结构进行表达。如图5-37所示的零件，左右两部分倾斜，在同一个基本视图上无法同时反映其真实形状和大小。也无法采用旋转视图进行表示。采用局部视图加斜视图的表达方案是最合适的。如图5-38所示在该零件主视图的基础上，增加局部的辅助视图表达倾斜部分的结构。

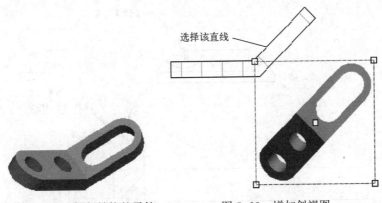

图 5-37　具有倾斜结构的零件　　　　　图 5-38　增加斜视图

如图 5-39 所示，在"布局"选项卡中的"模型视图"组中单击"辅助视图"按钮，然后参照图 5-38，首先单击右侧倾斜结构上表面投影线，然后移动鼠标到右下侧的合适位置单击以便确定辅助视图的位置。系统将自动在该位置创建辅助视图。

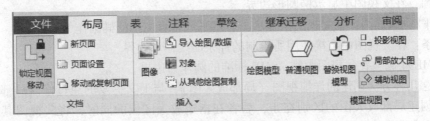

图 5-39　插入"辅助视图"

该辅助视图应该只绘制其中的右上侧倾斜部分，故需修改为局部视图。经修改并增加投影箭头和标注后如图 5-40 所示。

提示： 辅助视图也是一种投影视图，投影方向垂直于其父视图上指定的参考面或轴线。

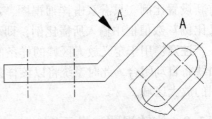

图 5-40　局部斜视图

5.3.7　详细视图

详细视图是指在另一个视图中放大显示当前视图中的细小部分，这对观察模型上的某些细小结构如退刀槽、圆角、倒角、凹坑、孔等有很大帮助。创建详细视图主要包括指定视图中心点、确定放大区域和放置详细视图 3 个步骤。

单击工具栏中的"局部放大图"按钮，在需要放大区域的某个图线上单击，确定视图中心点。然后围绕该点绘制样条线确定放大区域。单击鼠标中键完成样条曲线的绘制。然后在图中适当的位置单击，确定详细视图的放置位置，即可完成详细视图的绘制，效果如图 5-41 所示。需要注意的是，所创建的详细视图的边界是前面所绘的样条曲线，而不是父视图中所显示的圆。该圆仅仅是在创建详细视图后，父视图中放大区域边界的显示样式。详细视图的表达方案和其父视图一致。双击已创建的详细视图，在打开对话框的"父项视图上的边界类型"下拉列表中提供了 5 种边界样式供选择。

下面分别介绍这 5 种边界的含义。

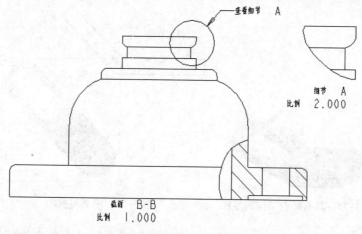

图 5-41 插入详细视图

- 圆：在父视图中显示圆形边界。
- 椭圆：在父视图中显示椭圆形边界。
- 水平/垂直椭圆：在父视图中显示具有水平或垂直主轴的椭圆作为边界。
- 样条：在父视图中直接使用所绘制的样条曲线作为边界。
- ASME94 圆：在父视图中将 ASME 标准的圆作为边界。

通过这几种方法创建的详细视图（局部放大图），与上文提及的通过修改局部视图的显示比例来创建局部放大图的区别在于，后者在指定放大区域的同时，将父视图其他部分删除；而前者是保留父视图不变，在新的视图中放大所指定的区域。

此外，在默认情况下，详细视图的放大比例是其父视图的两倍，用户也可以为详细视图重新设置比例。只需双击详细视图，在打开的对话框中选择"比例"选项。然后在"自定义比例"数值框中输入所需比例，即可完成详细视图的比例调整。

注意：用于定义放大区域的样条曲线自身不能相交，绘制完成后，单击鼠标中键，样条曲线将自动闭合。此时系统将以该样条曲线和前面所指定的视图中心点为参考，自动创建视图的放大区域。

5.3.8 旋转视图（断面图）

旋转视图（准确地说应该是断面图），用于表示某个截面的断面形状。其表达方式为用一剖切面切断零件，然后将断面翻转 90°进行投影，为了保证绘图清晰，一般绘制在视图外部，称为移出断面。如果绘制在视图上，则称为重合断面。

绘制如图 5-42 所示的连接杆断面旋转视图。

首先，创建该零件的主视图，如图 5-43 所示，作为插入旋转视图（断面图）的父视图。

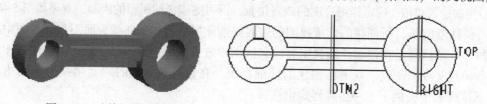

图 5-42 连接杆模型图   图 5-43 绘制主视图

单击工具栏上的"旋转视图"按钮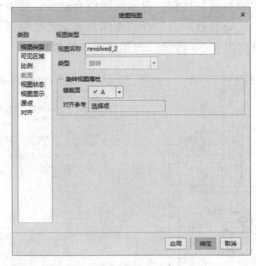，选取现有主视图作为父视图，并在父视图上方单击一点作为旋转视图（断面图）的放置中心。同时弹出"绘图视图"对话框，如图 5-44 所示。在"旋转视图属性"选项组的"横截面"下拉列表中选择"新建"选项，弹出如图 5-45 所示的菜单管理器。选择"平面"→"单一"→"完成"命令，在弹出的文本框中输入横截面名称"A"。接着在父视图中选取作为旋转剖面的剖切平面"DTM_2"，即可创建旋转视图，效果如图 5-46 所示。

图 5-44　"绘图视图"对话框

图 5-45　"横截面创建"菜单管理器

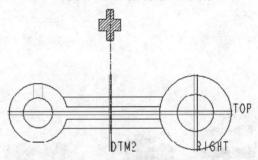

图 5-46　插入旋转视图（断面图）

5.3.9　旋转剖视图

旋转剖视图是用两个相交的剖切平面剖开零件，并将倾斜部分旋转到与基本投影面平行的位置进行投影所创建的剖视图。一般用于零件的两部分相互倾斜并具有共同的回转轴线时。如图 5-47 所示的喷射器壳体，两法兰结构相互倾斜并具有共同的回转轴线。主视图采用旋转剖表达更为合适。

创建旋转剖视图时必须标出剖切位置，在它的起始和转折处用相同的字母标出，并指明投影方向。

如图 5-47 所示为一喷射器壳体的主视图和俯视图。首先绘制俯视图，然后绘制主视图。现将主视图转化为旋转剖视图。

首先双击主视图，如图 5-48 所示，弹出"绘图视图"对话框，选择"截面"选项，并选择"2D 截面"单选按钮。接着单击"添加"按钮。在打开的菜单管理器中选择"偏移"→"单侧"→"单一"→"完成"命令，如图 5-49 所示。此时在打开的提示栏中输入截面名称 A 并按〈Enter〉键，在建模界面上弹出如图 5-50 所示的"菜单管理器"，用于设置草绘平面。指定 FRONT 平面为草绘平面，接受默认的草绘方向，以默认方式进入草绘环境，增加 DTM3 作为草绘参考，如图 5-51 所示。按如图 5-52 所示绘制两条直线完全穿过零件。返回到工程图环境，在"绘图视图"对话框中指定"剖切区域"为"全部（对齐）"，单击"轴显示"按钮，显示视图所有轴线。接着指定主视图中间轴线 A_6 为对齐参考轴，单击"箭头显示"并选择俯视图为显示箭头视图，最后单击"确定"按钮，创建旋转剖视图，结果如图 5-53 所示（加强筋暂未处理）。

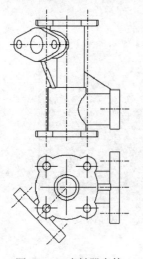

图 5-47　喷射器壳体　　　　　图 5-48　设置"2D 横截面"属性　　　　图 5-49　设置创建横截面

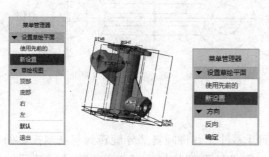

图 5-50　设置草绘平面和草绘视图方向　　　　　　图 5-51　增加草绘参照

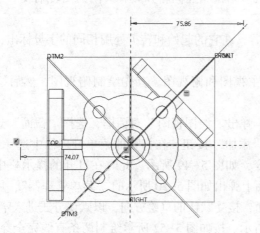

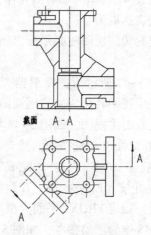

图 5-52　绘制剖切位置直线　　　　　　图 5-53　主视图旋转剖

120

5.3.10 破断视图

破断视图可用于切除零件上冗长且结构单一的部分。如一些长轴、连杆等，中间的结构没有变化，便可以通过破断视图进行简化表示，避免绘制很长的图形。

如图 5-54 所示，双击需要修改为破断视图的视图，在弹出的"绘图视图"对话框中选择"可见区域"选项，并在"视图可见性"下拉列表中选择"破断视图"选项，如图 5-55 所示。然后单击"+"按钮，选取如图 5-56 所示的边上一点确定破断点，向下拖动会延伸出一条直线（即破断线的方向）。在合适的位置单击，即可创建第一条破断线。接着按照同样的方法绘制第二条破断线。最后在"破断线样式"下拉列表中指定破断线造型为"直"，并单击"确定"按钮即可创建破断视图，效果如图 5-57 所示。所绘制的破断线只能垂直或平行于所指定的几何参考。在"绘图视图"对话框的"破断线样式"下拉列表中提供有包括直、草绘、视图轮廓上的 S 曲线、几何上的 S 曲线、视图轮廓上的心电图形、几何上的心电图形在内的 6 种破断线样式供用户选择。

注意：用户可以拖动破断视图调整位置，以缩短两图之间的距离。

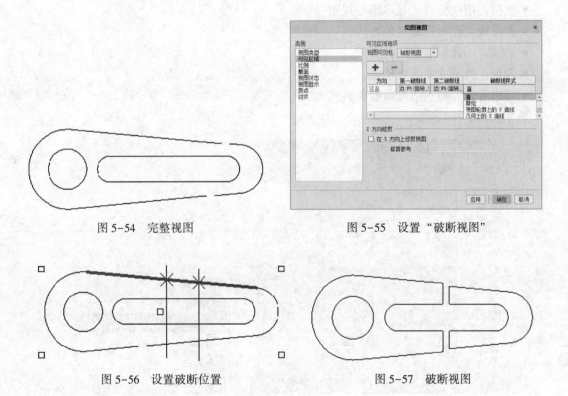

图 5-54 完整视图   图 5-55 设置"破断视图"

图 5-56 设置破断位置   图 5-57 破断视图

5.4 工程图编辑

前文介绍的功能，只能初步得到视图，要完成工程图，还需要对绘制的视图进行编辑。如边的显示格式、视图对齐方式的调整等。

5.4.1 设置视图显示模式

视图创建完成后，通过控制视图的显示，如视图的可见性、视图边线显示方式和组件视图中的元件显示等，可以改善视图的显示效果。

1. 视图显示

在装配绘图视图中，可以对单个元件的显示状态进行控制，如可以控制其消隐显示、显示类型或者是否遮蔽等。单个零件的视图也有不同的显示方式。

下面介绍如图5-58所示的"绘图视图"对话框中"视图显示"选项卡中各选项的含义。

（1）显示样式

选择视图的显示样式，如图5-59所示，可用的显示样式包括6种，下面具体介绍。

- 跟随环境：输入来自Creo 4.0或更早版本，并以"默认"选项保存的绘图，此选项是为这些绘图保留的。在Creo 4.0中更新了这些绘图后，"默认"选项将变成"从动环境"，而视图将被当作Creo 4.0的绘图。
- 线框：用线框方式显示模型视图。
- 隐藏线：显示隐藏线的方式。
- 消隐：不显示隐藏线的方式。
- 着色：显示成面着色模式。
- 带边着色：显示边及面着色模式。

效果如图5-60所示。

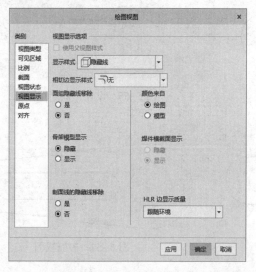

图5-58 "视图显示"设置

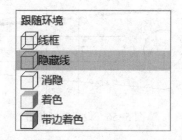

图5-59 显示样式设置

（2）相切边显示样式

设置相切边是否显示，如图5-61所示。

- 默认：使用"工具"→"环境"→"相切边"的设置。
- 无：不显示相切边。

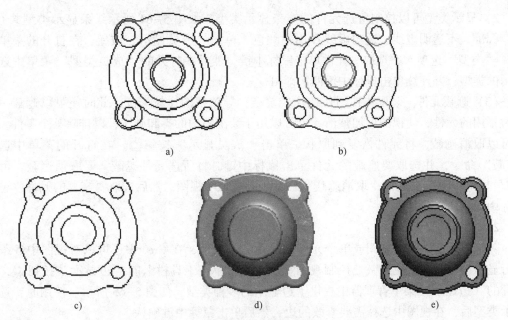

图 5-60　显示效果对比

a）线框　b）隐藏线　c）消隐　d）着色　e）带边着色

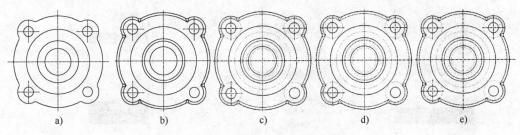

图 5-61　相切边显示模式

a）无　b）实线　c）灰色　d）中心线　e）双点画线

- 实线：相切边用实线显示。
- 灰色：用灰色显示相切边。
- 中心线：相切边用中心线显示。
- 双点画线：相切边用双点画线显示。

（3）装配体中元件的显示模式设置

1）如果要控制装配绘图视图中单个元件的显示模式，可单击"布局"选项卡中"编辑"组中的"成员显示"按钮 ▢。此时弹出如图 5-62 所示的"成员显示"菜单管理器。在打开的菜单中选择"HLR 显示"命令，如图 5-63 所示，在组件中选中需要隐藏的元件，单击鼠标中键，然后在打开的"HLR 显示"菜单中选择"隐藏线"→"完成"命令，并连续单击鼠标中键两次，即可将所选元件以隐藏线样式显示。

图 5-62　"成员显示"
菜单管理器

123

2) 显示类型可以控制所选元件的线条显示类型。如图 5-64 所示线条显示类型共有 4 种：标准、不透明虚线、透明虚线和用户颜色。单击"成员显示"按钮，在打开的菜单中选择"类型"选项，并选取一元件单击鼠标中键，然后在打开的"成员类型"菜单中选择显示的类型，并连续单击鼠标中键两次即可。

（3）遮蔽元件。装配体视图往往比较复杂，导致视图比较繁乱，此时便可以遮蔽一些暂时不用的元件，使视图更加整洁。也可以用于装配图中的拆卸画法，以排除某个零件。同样可以取消遮蔽，将元件恢复到原状。单击"成员显示"按钮，在打开的菜单中选择"遮蔽"命令，并选取要遮蔽的元件单击鼠标中键，将所选元件遮蔽。要取消遮蔽，可在"成员显示"菜单中选择"取消遮蔽"命令，并选取一视图。然后选取要恢复的元件，单击鼠标中键将所选元件恢复。

2. 边控制显示

除了可以控制整个视图或单个元件的显示状态之外，在 Creo 中还可以对视图中各条边进行显示的控制，从更细微处控制视图显示效果。单击工具栏上的"边显示"按钮，在打开的"边显示"菜单管理器中提供了边显示的多种类型，如图 5-65 所示。使用时，选择显示类型后，在视图中选择需要修改的边，然后单击鼠标中键确认。

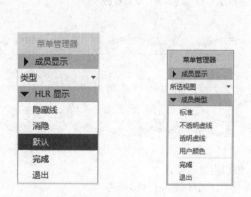 

图 5-63　HLR 线型显示　　图 5-64　"成员类型"设置　　图 5-65　"边显示"菜单管理器

下面介绍边显示功能。

● 拭除直线：将所选边线拭除，即从模型中隐藏，如图 5-66 所示。

● 线框：将拭除的边线或视图的隐藏线以实线形式显示。

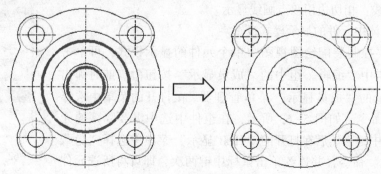

图 5-66　拭除直线

124

- 隐藏方式：将所选边线以隐藏线形式显示，其对象可以是任意的边线。
- 隐藏线：将所选边线以隐藏线形式显示，其对象必须是可隐藏的边线。
- 消隐：将所选边线以消隐形式显示，其对象必须是可消隐的边线。
- 切线类型：将所选切线如倒圆角的切线，以实线、中心线、虚线或灰色形式显示。如果要将切线恢复为原来的状态，可选择"切线实线"命令。

3. 显示视图栅格

视图栅格类似于捕捉线，主要用于将详细项目，如尺寸、注释、尺寸公差、符号和表面粗糙度等进行精确定位，便于摆放整齐。

单击工具栏中"草绘"面板中的"绘制栅格"按钮，弹出如图 5-67 所示的"栅格修改"菜单管理器。选择"显示栅格"命令，再选择"类型"命令，则出现如图 5-67 所示的"栅格类型"菜单，用户可以设置栅格的类型，包括笛卡儿坐标和极坐标两种形式。用户在"栅格修改"菜单管理器中也可以设置栅格的原点，以及设置相应的栅格参数。如笛卡儿坐标系中的 XY 坐标的间距和角度，极坐标中的角间距、线数、径向间距、角度等。栅格显示效果如图 5-68 所示。

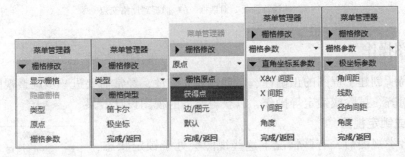

图 5-67 设置栅格参数

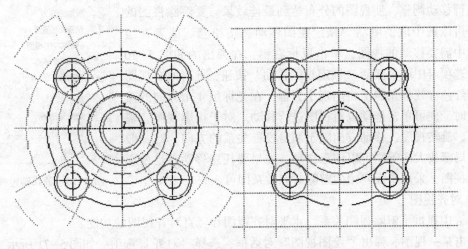

图 5-68 极坐标和笛卡儿坐标显示栅格

使用栅格时，可以单击草绘工具栏中的"草绘首选项"按钮，出现如图 5-69 所示的"草绘首选项"对话框，单击"栅格交点"按钮，则标注尺寸或注释时，将会自动捕捉到栅格的交点。

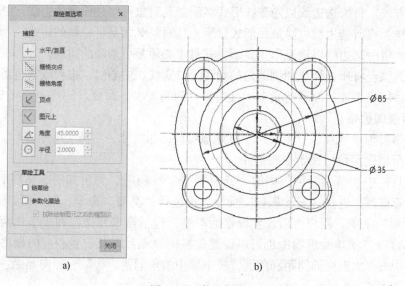

a)   b)

图 5-69   使用栅格

a) "草绘首选项" 对话框   b) 捕捉到栅格交点

5.4.2   视图操作

为了提高所创建工程图的正确性、合理性和完整性，经常需要进一步调整视图，包括移动、删除、对齐、拭除或锁定等操作，以获得所需的视图设计效果。

1. 移动或锁定视图

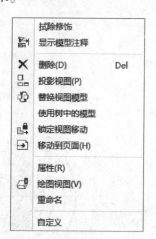

当添加各类视图后，有些情况下这些视图会处于锁定状态，即这些视图均无法移动，通过解除视图的锁定状态，并对视图的位置进行移动调整，使视图的分布达到最佳效果。要解除视图的锁定，可以选中取消激活 "锁定视图移动" 按钮 ，或者在绘图树选中需要移动的视图，单击鼠标右键，在弹出的如图 5-70 所示的选项卡中取消激活 "锁定视图移动" 按钮，此时原有视图周围的红色虚线框角点上将出现小方框，在光标呈 4 个方向的箭头形状时，便可单击拖动以对视图进行移动。对于投影视图、辅助视图、旋转视图，移动方向限于满足投影关系的方向。对一般视图、局部放大图等则可以任意移动。如果要任意移动满足投影关系的视图，采用下面介绍的解除对齐关系即可。

图 5-70   解除锁定视图

2. 对齐视图

Creo 中提供了解除视图关系、水平对齐视图和竖直对齐视图的功能。

双击某一视图，弹出 "绘图视图" 对话框，选择 "对齐" 选项，如图 5-71 所示。

在该对话框中，取消选中 "将此视图与其他视图对齐" 复选框，则可以解除两个视图的投影对应关系，实现任意移动视图的目标。

如果之前移动了某一视图，使两视图失去了投影对应关系，此时，可以将该选项选中，重新实现它们之间的对应。如果该视图和另一视图为投影对应关系产生，则与之对齐的视图不可更改。如果类似于一般视图、局部放大图等，则如图 5-72 所示，可以选择该视图想要对齐的参考视图，并设置对齐的方向和参考。

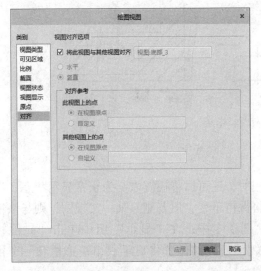

图 5-71　投影视图的对齐选项

图 5-72　局部放大图对齐选项

如图 5-73 所示，欲将局部放大图和主视图下边线对齐，双击局部放大图，在"绘图视图"对话框中，选择"对齐"选项。选中"将此视图与其他视图对齐"复选框，然后选择图 5-73 所示的左侧视图。选择"水平"单选按钮，选择"对齐参考"选项组中"此视图上的点"下的"自定义"单选按钮，然后选择局部放大图上最下面的水平线，再选择"其他视图上的点"下的"自定义"单选按钮，选择图 5-74 右侧视图最下面的水平线。单击"确定"按钮，结果如图 5-74 所示。这两个视图将会按照选定的参考边水平方向对齐。随后该视图仅可以左右（水平）方向移动，受到水平对齐的约束。

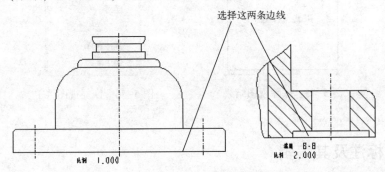

图 5-73　设置对齐参考

3. 删除、拭除和恢复视图

删除是将现有的视图从图形文件中清除掉，所删除的视图将不可恢复；而拭除视图只是从当前界面中隐藏，但所拭除的视图还可以通过相应的工具将其重新调出以便再次使用。

（1）删除视图

直接单击视图，按〈Delete〉键即可将其删除；或在绘图树上选中所要删除的视图名称右击，从弹出的快捷菜单中选择"删除"命令。

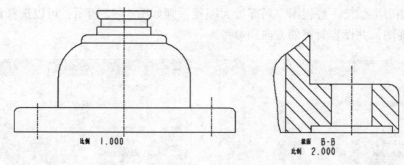

图 5-74　对齐结果

（2）拭除视图

拭除视图只是暂时将视图隐藏，当需要使用时，还可以将视图恢复为正常显示状态。当拭除某一父视图时，与该父视图相关的子视图将保持不变，但若删除某一父视图，则与该视图相关的子视图也将一并被删除。在"布局"选项卡中，在"显示"组中单击"拭除视图"按钮，选取要拭除的视图对象，此时该视图所在的位置将显示一个矩形框和一个视图名称标识，效果如图 5-75 所示。

（3）恢复视图

如果要在当前页面上恢复已拭除的视图，则可以在"显示"面板中单击"恢复视图"按钮，然后在弹出的"视图名称"菜单管理器中选择需要恢复的视图选项，并选择"完成选择"命令，即可恢复拭除的视图，如图 5-76 所示。

图 5-75　拭除视图结果　　　　图 5-76　恢复视图菜单

5.5　尺寸标注及其编辑

在工程图中，尺寸是非常重要的不可或缺的元素。尺寸必须齐全、合理、清晰，符合国家技术制图标准的要求。同时，工程图中一般也包含必不可少的注释和表格等内容。本节将介绍有关尺寸标注、尺寸编辑修改及注释的注写和表格的制作方法。

5.5.1　尺寸标注

Creo 中可以通过手动进行尺寸标注，也可以由 Creo 自动进行标注。下面以图 5-77 所示零件图为例进行介绍。

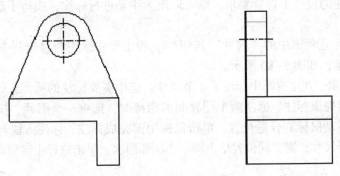

图 5-77　零件图视图

1. 自动标注尺寸

单击"注释"选项卡中的"显示模型注释"按钮🔳，弹出如图 5-78 所示的"显示模型注释"对话框。在该对话框中，选择第一个选项卡"尺寸"，再选择要添加尺寸的视图，可以按住〈Ctrl〉键选择多个视图。或者在绘图树中选中需要标注尺寸的视图，单击鼠标右键，在弹出的菜单栏中选择"显示模型注释"命令，同样出现如图 5-78 所示的对话框。

在对话框中将列出所选视图上可以标注的尺寸，依次选中需要标注的尺寸复选框，单击"应用"按钮，则视图上将标注出所选定的尺寸，单击"确定"按钮接受自动标注的尺寸，结果如图 5-79 所示。一般情况下，自动标注的尺寸会有不符合我国制图标准的情况，此时则需要手动进行调整。

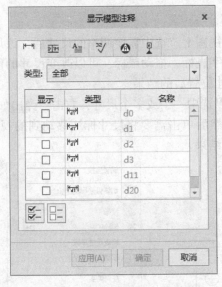

图 5-78　"显示模型注释"对话框

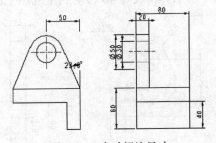

图 5-79　自动标注尺寸

2. 手动标注尺寸

如果自动标注的尺寸不符合要求，则可以改为手动进行标注，或将手动标注和自动标注结合起来使用。

单击"注释"选项卡中的"尺寸"按钮 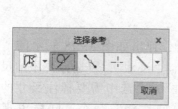，弹出尺寸标注的"选择参考"对话框，用于设置标注的对象，如图 5-80 所示。

如图 5-81 所示，在主视图中标注了 4 个尺寸。选中需要标注的图元，移动鼠标到合适位置，单击鼠标中键完成标注。标注两个图元间的距离时，选中一个图元，按住〈Ctrl〉键，选择另一个图元，移动鼠标到合适位置，单击鼠标中键完成标注。标注方法与草绘标注基本一致。如要标注直径尺寸，需要同位置单击同一个圆弧两次，单击鼠标中键确定尺寸摆放位置。

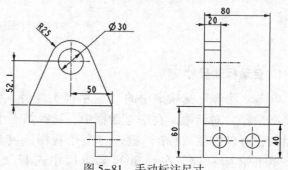

图 5-80　尺寸标注对象设置　　　　　图 5-81　手动标注尺寸

5.5.2 尺寸编辑

1. 尺寸删除

如果需要删除标注不合理的尺寸，则可以选中标注的尺寸后，按〈Delete〉键将其删除。也可以在选中尺寸后右击，从弹出的快捷菜单中选择"删除"命令将其删除。用户可以同时选择多个尺寸一起删除。

2. 调整尺寸位置

尺寸标注的位置可以移动或调整到不同的视图上。选中需要调整的尺寸后，该尺寸将变为红色，将光标放在选中的尺寸上，其变为十字光标，拖动鼠标，可以改变尺寸的位置、倾斜的角度等。如图 5-82 所示为调整了部分尺寸位置后的结果。

要将尺寸调整到不同视图上进行标注，可以选中一个或多个尺寸，右击，弹出如图 5-83 所示的快捷菜单，选择"移动到视图"命令，然后单击需要将尺寸标注移动到的视图即可。如图 5-84 所示为将尺寸 40 移动到主视图上的结果。

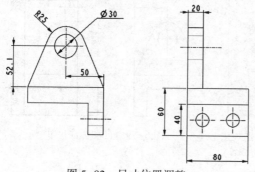

图 5-82　尺寸位置调整　　　　　　　图 5-83　尺寸编辑快捷菜单

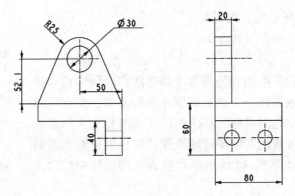

图 5-84　移动尺寸标注视图

3. 反向箭头

如果尺寸箭头需要标注在外侧或换到内侧，则可以在选中尺寸后，在如图 5-85 所示的尺寸选项卡中单击"显示"按钮，出现如图 5-86 所示的面板。单击"箭头方向"处的"反向"按钮则可将尺寸箭头变换方向。如果一次方向效果不合适，可以再次进行方向箭头的变换操作。如图 5-87 所示，是将直径"φ30"的标注箭头进行了两次反向，换到外侧，将"52.1"的尺寸箭头换到内侧后的效果。用户可以选择多个尺寸同时进行箭头反向操作。

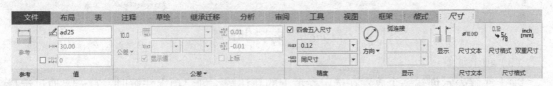

图 5-85　尺寸选项卡

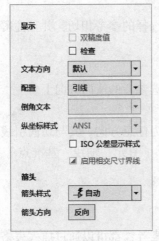

图 5-86　尺寸编辑菜单图

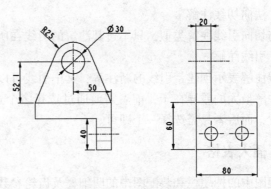

图 5-87　反向箭头效果

5.5.3　添加注释

在工程图中，注释是必不可少的。要添加注释，单击"注释"组中"注解"下拉按钮注解，出现如图 5-88 所示的下拉列表。

注解分为 6 类，下面介绍其含义。

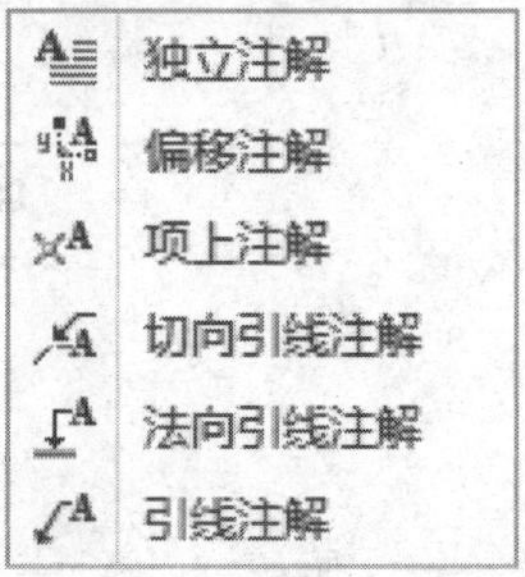

（1）独立注解

独立注解表示创建未附加到任何参考的新注解。创建独立注解时，需要在绘图区域选择一个点来确定注释的位置，此点可以是自由点，也可以通过绝对坐标，在绘图区域或图元上选择点或者顶点来创建。确定位置后在绘图区域出现的红色框中输入需要添加的注释文本，在如图 5-89 所示的"格式"操控板中修改文本格式即可。

（2）偏移注解

偏移注解表示创建一个相对选定参考偏移放置的新注解。单击"偏移注解"按钮，在绘图区域出现红色框，在图元上选择一个尺寸（尺寸箭头、尺寸公差、注解、符号实例、参考尺寸、基准点或轴端点）作为注解的偏移参考，再移动鼠标将红色方框放在合适位置，单击鼠标中键固定位置，在框中输入需要添加的注释文本，在"格式"操控板中修改文本格式即可。

图 5-88 "注解"下拉列表

图 5-89 "格式"操控板

（3）项上注解

项上注解表示创建一个放置在选定参考上的新注解。创建项上注解时，首先要通过选择一个边（图元、基准点、坐标系、曲线、线等）来确定注解位置。

（4）切向引线注解

表示创建带切向引线的新注解，即注解的引线与所选择的参考相切，并且注解的位置只可以在参考项的切线方向移动。

（5）法向切线注解

它与切向引线注解类似，只不过其注解的引线在所选参考的法向方向上。

（6）引线注解

引线注解表示创建带引线的新注解，其中引线可以为任意方向。其与切向引线注解和法向引线注解最大的差异在于，前者需要通过选择多个边（图元、轴线、基准点等）来确定注解位置，而后者只需选择一个即可。

5.5.4 插入表格

工程图中的标题栏和装配图中的明细栏及齿轮参数表等，都可以通过插入表格的方法简便插入。

如图 5-90 所示，单击"表"选项卡中的"表"下拉按钮，选择"插入表"选项，弹出如图 5-91 所示的"插入表"对话框。通过此对话框，可以对表格的方向、尺寸、行与列进行设置。

图 5-90 "表"选项卡

其中表的"方向"包括向右且向下（插入点在表的左上侧）、向左且向下（插入点在表的右上侧）、向右且向上（插入点在表的左下侧）、向左且向上（插入点在表的右下侧）。确定好表的行数与列数，以及行高、列宽等数值后，单击"插入表"对话框中的"确定"按钮，弹出如图 5-92 所示"选择点"对话框，可以通过在图元上选择一个自由点、绝对坐标、相对坐标、选择点及选择顶点 5 种方式来确定插入点的位置。也可以直接单击"表"按钮▦，快捷插入表。

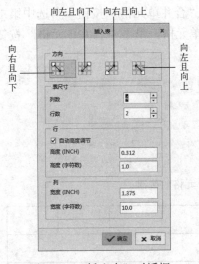

图 5-91 "插入表"对话框

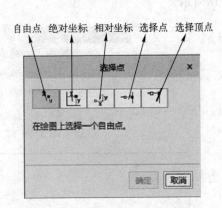

图 5-92 "选择点"对话框

下面以插入标题栏为例介绍如何插入和编辑表格。

单击"插入表"按钮，在"插入表"对话框中将表的"方向"设置为"向左且向上"，设置表的列数为 7、行数为 5、行高为 8、列宽为 15，并取消选中"自动高度调节"复选框。单击"确定"按钮，在弹出的"选择点"对话框中单击"绝对坐标"按钮，输入"297"作为 X 轴绝对坐标，"0"作为 Y 轴绝对坐标（将图纸设置为 A4 大小），如图 5-93 所示，单击"确定"按钮，在图框右下角出现如图 5-94 所示的表格。

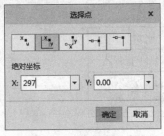

图 5-93 设置插入点

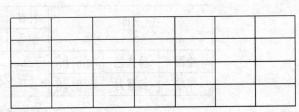

图 5-94 插入的表格

选中如图 5-94 所示表格的前三列，右击，从弹出的快捷菜单中选择“宽度”命令，在弹出的“宽度”对话框中输入宽度值“20”，单击“确定”按钮，结果如图 5-95 所示。

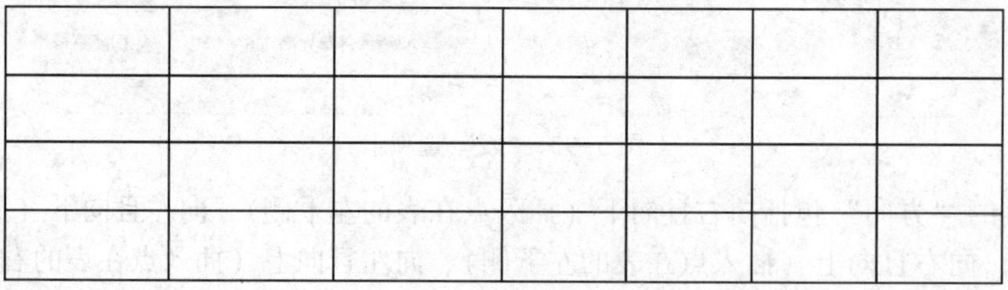

图 5-95　修改表格宽度

选中如图 5-95 所示表格最左上角的单元格，按住〈Ctrl〉键，选择第二行第三列的单元格，再单击如图 5-96 所示的“合并单元格”按钮。用同样的方法，选择第三行第四单元格，按住〈Ctrl〉选择最右下角的单元格，单击“合并单元格”按钮。再选中第二行最后一个单元格，按住〈Ctrl〉选择第二行倒数第四个单元格，单击“合并单元格”按钮，结果如图 5-97 所示。

图 5-96　“合并单元格”按钮

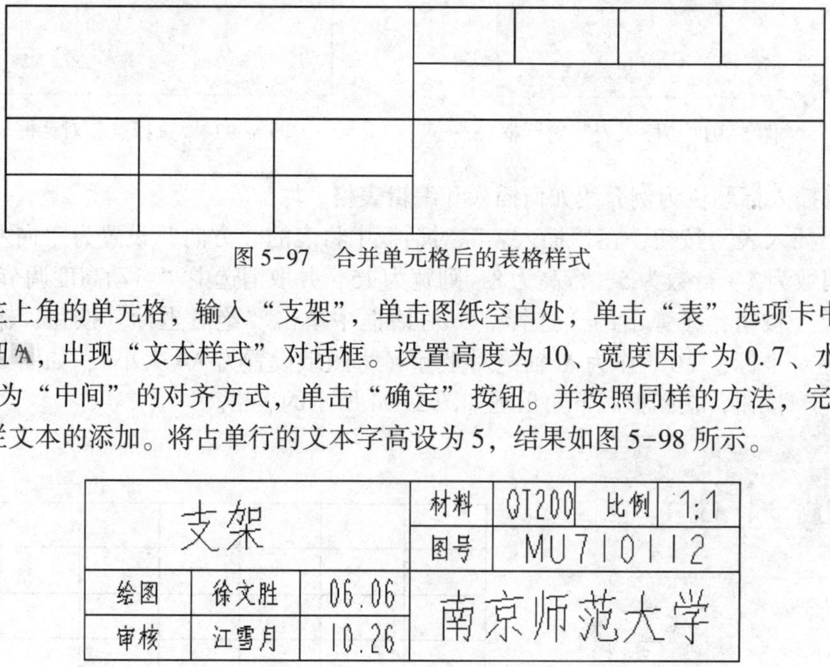

图 5-97　合并单元格后的表格样式

双击左上角的单元格，输入“支架”，单击图纸空白处，单击“表”选项卡中的“文本样式”按钮A，出现“文本样式”对话框。设置高度为 10、宽度因子为 0.7、水平为“中心”、竖直为“中间”的对齐方式，单击“确定”按钮。并按照同样的方法，完成图 5-98 所示标题栏文本的添加。将占单行的文本字高设为 5，结果如图 5-98 所示。

<table>
<tr><td colspan="3" rowspan="2">支架</td><td>材料</td><td>QT200</td><td>比例</td><td>1:1</td></tr>
<tr><td>图号</td><td colspan="3">MU710112</td></tr>
<tr><td>绘图</td><td>徐文胜</td><td>06.06</td><td colspan="4" rowspan="2">南京师范大学</td></tr>
<tr><td>审核</td><td>江雪月</td><td>10.26</td></tr>
</table>

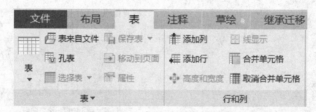

图 5-98　完成标题栏表格

目前绘制的标题栏位置在图纸的边缘，不在图框右下角。通过"移动特殊"的方式移动标题栏到正确的位置。

选中整个表格，单击"表"选项卡中"表"组中的下拉菜单，单击"移动特殊"按钮，如图 5-99 所示，选择表格右下角点，弹出如图 5-100 所示的"移动特殊"对话框。在其中输入"292"和"5"，单击"确定"按钮，将标题栏往左和往上移动到（292,5）的坐标点。

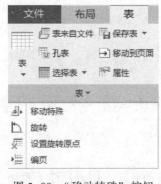

图 5-99 "移动特殊"按钮

图 5-100 "移动特殊"对话框

5.6 公差和表面粗糙度

零件图除了有视图表达零件形状结构外，还有诸如尺寸、尺寸公差、几何公差、表面结构（表面粗糙度）等技术要求。下面介绍尺寸及尺寸公差、几何公差、表面粗糙度标注方法。

5.6.1 尺寸公差

零件工程图中的尺寸都有精度要求，一般用公差来表示。大部分尺寸采用了默认公差，其他的重要尺寸则需要明确标明具体的公差，包括代号或数值两种表示方法。代号可以通过添加后缀的方式进行标注。上下偏差的形式则使用以下方法标注。

将尺寸 φ30 改为上下偏差形式。单击选中需要显示公差的尺寸 φ30，如图 5-101 所示，在"尺寸"的选项卡"公差"下拉列表中选择"正负"选项，将上偏差设置为+0.01、"下偏差"设置为 0。单击绘图区域退出尺寸编辑，结果如图 5-102 所示。

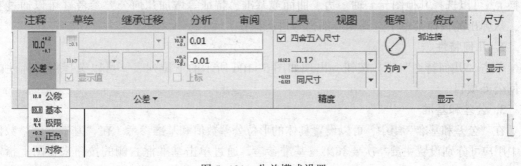

图 5-101 公差模式设置

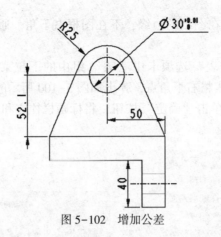

图 5-102　增加公差

注意： 标注尺寸公差时，要将绘图属性中的 tol_display（是否显示公差）参数设置为 yes。系统配置的设置方法请参看本书 5.8 节。

5.6.2　几何公差

几何公差包括形状公差、方向公差、位置公差和跳动公差，用来标注工程图中图元的直线度、平面度、圆度、圆柱度、平行度、垂直度、对称度等，属于零件图的重要技术要求之一。添加几何公差时，单击"注释"选项卡中的"几何公差"按钮▦，伴随鼠标在绘图区域出现如图 5-103 所示的几何公差标注框，选中几何公差的参考边或图元、基准等，移动鼠标到合适位置，单击鼠标中键，确定标注位置。

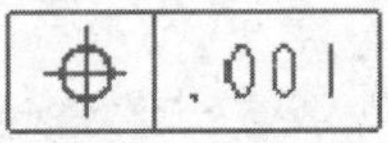

图 5-103　几何公差标注

如图 5-104 所示，工具栏中出现"几何公差"选项卡，可以分别设置几何公差的特性、数值、基准参考、符号、附加文本等。

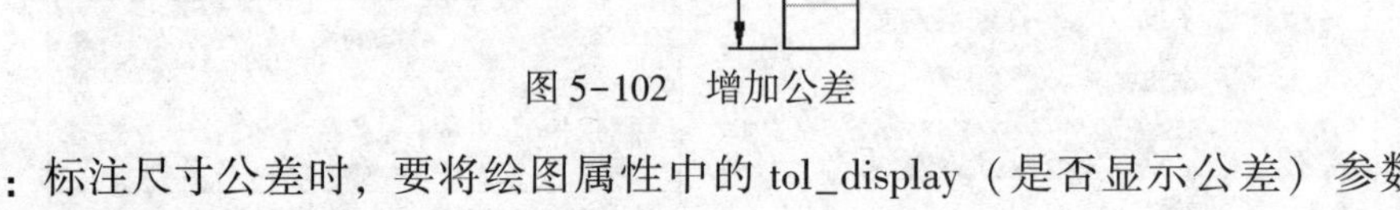

图 5-104　"几何公差"选项卡

1. 参考

"参考"组用于设置几何公差的参考，单击"参考"按钮，出现如图 5-105 所示的"参考"对话框，其中显示的已有参考为创建几何公差标注时所选（可以单击鼠标右键进行替换），可以选择其他图元、轴、边、曲面或基准、特征等增加几何公差参考（可以通过右击，从弹出的快捷菜单中选择相应的命令进行操作）。

2. 几何特性

单击"几何特性"下拉按钮，出现如图 5-106 所示的下拉列表，可以选择需要标注的几何公差项目。

3. 公差和基准

在"公差和基准"组中，可以设置具体的形位公差数值和基准参考。在"基准参考"数值框中用户可分别设置主要、次要和第三基准参考。通过单击基准框右侧的按钮来在图上指定基准。

136

图 5-105　"参考"对话框　　　　　　图 5-106　几何公差项目

4. 符号

"符号"组用于添加标注几何公差需要的符号，具体符号如图 5-107 所示。

5. 附加文本

用于在公差上、下、左、右方向上添加附加的文本，还可以对文本的格式进行设置，如图 5-108 所示。

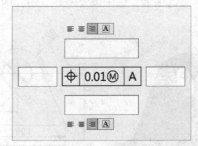

图 5-107　符号　　　　　　　　　图 5-108　附加文本

6. 箭头样式

"箭头样式"下拉列表用于设置箭头的样式，具体箭头样式如图 5-109 所示。

在设置结束后，单击绘图界面空白处即可完成几何公差的标注。

【例 5-1】标注如图 5-110 所示的支架，两个安装平面的垂直度为 0.01，直径 $\phi30$ 的孔的轴线的直线度为 $\phi0.01$。

图 5-109　箭头样式　　　　　图 5-110　支架及基准面 A

该垂直度为方向公差，带有基准。应该首先在建模界面设置基准和几何公差，再在工程图中显示基准和几何公差。

1）设置基准。在建模界面，单击"注释"选项卡的中的"基准特征符号"按钮 🅰，选择下方打两孔的表面作为参考，移动鼠标到合适位置，单击鼠标中键，出现如图5-111所示的"基准特征"选项卡，输入基准名称"A"，在空白位置单击完成基准设置，结果如图5-110所示。

图5-111　"基准特征"选项卡

2）单击"注释"选项卡中的"几何公差"按钮 🔲，选择下底面边线作为参考，单击鼠标中键，在"几何公差"选项卡中，选择"几何特性"为"垂直度"，设置"公差值"为0.01，选择基准A为主要基准参考。在空白位置单击完成几何公差的设置，结果如图5-112所示。

3）工程图中显示该几何公差。打开此零件工程图，系统自动显示该公差，如若未出现，则选中主视图后右击，选择"显示模型注释"命令，在弹出的"显示模型注释"对话框中，选择"几何公差"选项卡，选中该公差并应用，即可在工程图中显示该公差，如图5-113所示。

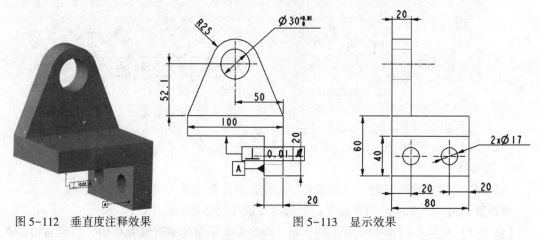

图5-112　垂直度注释效果　　　　　　　　　图5-113　显示效果

4）调整显示的几何公差位置，结果如图5-114所示。

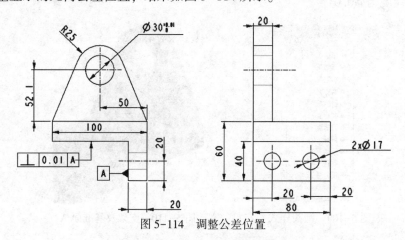

图5-114　调整公差位置

5）添加直线度。单击"注释"选项卡中的"几何公差"按钮，在图形上拾取尺寸 $\phi30$ 在"几何公差"选项卡中，选择"几何特性"为"直线度"，设置"公差值"为 0.01，在"符号"下拉列表中选择"ϕ"添加到公差值 0.01 前。

6）在空白位置单击完成该直线度公差的标注，结果如图 5-115 所示。

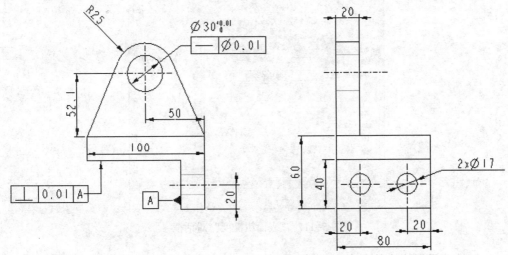

图 5-115　标注几何公差

5.6.3　表面粗糙度

零件的每个表面通过何种方式获得，主要由表面粗糙度要求来决定。所以，零件的每个表面均有相应的粗糙度要求。下面介绍如何在工程图中创建表面粗糙度标注。

单击"注释"选项卡中的"表面粗糙度"按钮，弹出如图 5-116 所示的"打开"对话框，选择"machined"目录下的"standard1.sym"文件，将其打开。

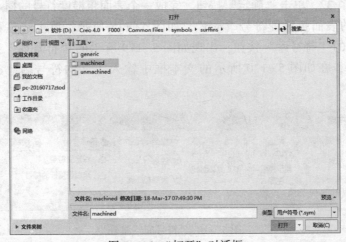

图 5-116　"打开"对话框

然后弹出如图 5-117 所示的"表面粗糙度"对话框，可以设置表面粗糙度标注样式。

1）模型参考：设置表面粗糙度标注参考曲面。

2）放置：设置表面粗糙度的放置方式，包括带引线、图元上、垂直于图元、自由。

图 5-117 "表面粗糙度"对话框

3）属性：设置标注的高度、比例、角度、颜色。

5.6.4 定制表面粗糙度符号

Creo 自带的表面粗糙度符号不符合我国国家标准，需要定制符合要求的符号。

1）首先插入一个现有的表面粗糙度符号，然后在此基础上修改后保存成定制的符号。单击"注释"选项卡中的"表面粗糙度"按钮 ✅，选择"machined"目录下的"standard1. sym"文件，将其打开，在"类型"中选择"自由"，在屏幕的空白位置单击，使用默认粗糙度值 32，单击"确定"按钮，完成一个表面粗糙度符号的插入。

2）定制新的表面粗糙度符号"ccd"。如图 5-118 所示，单击"注释"选项卡"符号"下拉列表中的"符号库"按钮，出现如图 5-119 所示的"符号库"菜单管理器，选择"定义"命令，在如图 5-120 所示的文本框中输入定义的符号名"ccd"，单击"确定"按钮。

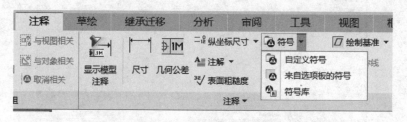

图 5-118 "符号库"按钮

3）如图 5-121 所示，在弹出的"符号编辑"菜单管理器中，选择"绘图复制"命令，并选中刚才插入的表面粗糙度符号，单击"确定"按钮或单击鼠标中键，完成选取。此时在屏幕上出现如图 5-122 所示的符号样式。

图 5-119 "符号库"菜单管理器

图 5-120 输入定义符号名

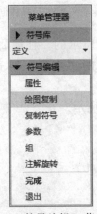

图 5-121 "符号编辑"菜单管理器

图 5-122 符号样式

4）单击"草绘"选项卡中的"线"按钮，此时弹出如图 5-123 所示的"捕捉参照"对话框，单击其上的拾取箭头，选择刚才插入的表面粗糙度右上侧的直线。

5）单击"线"按钮，选择斜线的最右上顶点作为起始点，右击，弹出图 5-124 所示的快捷菜单，选择"角度"并在输入框中输入 0，单击"确定"按钮，向右绘制一条直线，单击鼠标中键结束直线的绘制，并单击"关闭"按钮退出"捕捉参照"对话框。绘图结果如图 5-125 所示。

图 5-123 "捕捉参照"对话框

图 5-124 设置绘图方向

6）选择图 5-121 中的"属性"命令，弹出如图 5-126 所示的"符号定义属性"对话框。选中"自由"复选框，拾取表面粗糙度符号最下方的顶点。选中"图元上""垂直于图元""左引线""右引线"复选框，并拾取表面粗糙度符号最下侧的顶点。单击"确定"按钮，关闭"符号定义属性"对话框。

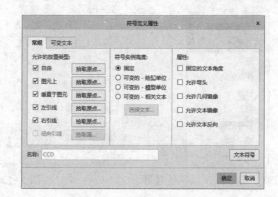

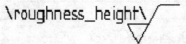

图 5-125　绘制一水平线　　　　　　　　图 5-126　"符号定义属性"对话框

7）双击表面粗糙度符号中的可变文本，弹出如图 5-127 所示的"注解属性"对话框。切换到"文本样式"选项卡，设置"注解/尺寸"选项组中的"水平"对齐方式为"左侧"，单击"确定"按钮，退出注释属性修改。

8）选中可变文本，向下侧移动到合适位置，如图 5-128 所示。

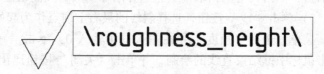

图 5-127　"注解属性"对话框　　　　　　图 5-128　移动文本位置

9）选择菜单管理器中的"完成"命令，再次选择"符号库"菜单管理器中的"写入"命令，单击"确定"按钮。选择"符号库"菜单管理器中的"完成"命令，该表面粗糙度符号创建完毕。

此时可以通过单击插入"表面粗糙度"按钮，使用"名称"→"CCD"或检索到刚才保存的文件来插入新建的表面粗糙度符号。

【例 5-2】如图 5-129 所示，在支架零件工程图中添加 3 个表面粗糙度符号，并在技术要求中添加其余表面粗糙度为 Ra12.5 的注释。

1）单击"表面粗糙度"按钮，在"表面粗糙度"菜单管理器中选择"浏览"命令，弹出"打开"对话框，选择保存目录下的"CCD. sym"文件，将其打开。在"表面粗糙度"对话框的放置选项组的"类型"下拉列表中选中"带引线"选项，并在基准 A 所在直线上的合适位置单击，调整位置，单击鼠标中键，在可变文本中输入"Ra3. 2"，单击"确定"按钮，插入该粗糙度符号。

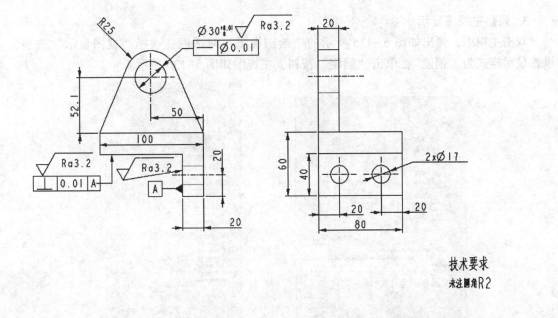

图 5-129 增加表面粗糙度

2）再次单击"表面粗糙度"按钮，选择"名称"→"CCD"命令，选中尺寸 $\phi30$，然后在尺寸 $\phi30$ 后的合适位置单击，同样输入表面粗糙度值"Ra3.2"，单击"确定"按钮，完成该粗糙度符号的插入。采用同样的方法在垂直度方框上插入表面粗糙度 Ra3.2。用同样的方法，在"技术要求"下方添加粗糙度符号，值为"Ra12.5"，单击"确定"按钮。并添加一个空括号的文字注释，在括号中添加"No Value"的表面粗糙度符号，结果如图 5-129 所示。

5.7 实例：齿轮油泵泵体零件图

绘制如图 5-130 所示的齿轮油泵泵体的零件图。

1. 新建工程图

单击"新建"按钮，弹出如图 5-131 所示的"新建"对话框。选择"绘图"，输入名称"chilunyoubengbengti"并取消选中"使用默认模板"复选框，单击"确定"按钮。

2. 设置图纸格式

在图 5-132 所示的对话框中，确认使用的模型是"chilunyoubengbengti. prt"，如果没有打开该零件，则单击"浏览"按钮，找到该零件并打开，选中"使用模板"单选按钮，随后选择"a4_drawing"，单击"确定"按钮进入绘图界面。

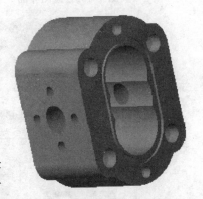

图 5-130 齿轮油泵泵体

绘图界面出现如图 5-133 所示的 3 个视图，删除仰视图并按照如图 5-134 所示调整视图位置。

3. 调整主视图显示

双击主视图，弹出如图 5-135 所示的"绘图视图"对话框，选择"视图显示"选项，设置显示样式为"消隐"，单击"确定"按钮，主视图如图 5-136 所示。

图 5-131 "新建"对话框

图 5-132 设置图纸格式

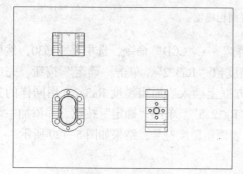

图 5-133 绘图界面

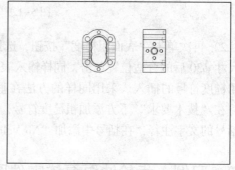

图 5-134 调整后的绘图界面

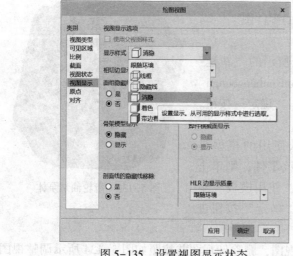

图 5-135 设置视图显示状态

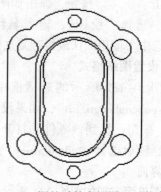

图 5-136 调整后的主视图显示状态

4. 调整左视图显示

双击左视图，在"绘图视图"对话框中，选择"视图显示"选项，设置"显示样式"为"消隐"，单击"确定"按钮，左视图如图 5–137 所示。

5. 插入全剖右视图

选中主视图，单击"布局"选项卡中的"投影视图"按钮，移动鼠标到主视图左侧合适的位置单击，插入右视图。双击该视图，弹出"绘图视图"对话框。如图 5–138 所示，选择"截面"选项，选中"2D 横截面"单选按钮，再单击"+"按钮，弹出如图 5–139 所示的"横截面创建"菜单管理器，分别选择"平面"和"单一"命令，最后选择单击"完成"命令。在"输入横截面名称"文本框中输入"A"，单击"确定"按钮，弹出如图 5–140 所示的"设置平面"菜单管理器。

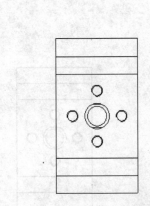

图 5–137 调整后的左视图显示状态

图 5–138 "截面"选项

图 5–139 "横截面创建"菜单管理器　　图 5–140 "设置平面"菜单管理器

打开基准平面显示，在主视图中选择 RIGHT 平面，截面设置结果如图 5–141 所示。如图 5–142 所示，移动下方的滚动条到最右侧，单击"箭头显示"下的方框，然后选择主视图。在"绘图视图"对话框中选择"视图显示"选项，设置"显示样式"为"消隐"，单击"确定"按钮，并关闭基准平面的显示。切换到"注释"选项卡，移动"A–A"到右视图上方中间，结果如图 5–143 所示。

图 5-141 截面设置结果 图 5-142 设置显示箭头

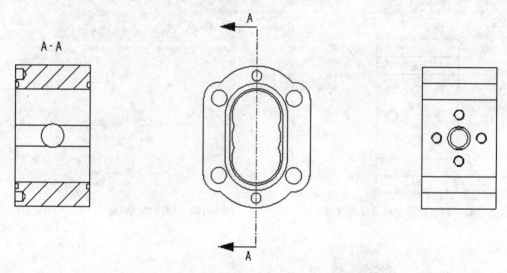

图 5-143 插入全剖右视图

注意：主视图上横截面箭头需将系统配置中的"crossec_arrow_style"值设置为"tail_online（尾部与截面线接触）"。具体设置方法参看本章 5.8.2 节。

6. 插入全剖右视图的俯视图

选中右视图，单击"投影视图"按钮，在右视图下方合适的位置单击，选中新插入的视图并双击，在弹出的"绘图视图"对话框中，选择"截面"选项，并选中"2D 横截面"单选按钮。按照步骤 5 所述方法创建横截面 B。打开基准平面显示，在右视图上选择TOP 基准平面。移动"截面"设置界面中的滚动条，在"箭头显示"下的方框中单击，并选择右视图。在"视图显示"设置界面中，设置"显示模式"为"消隐"，单击"确定"按钮退出。切换到"注释"选项卡，移动"B-B"到视图上方，结果如图 5-144所示。

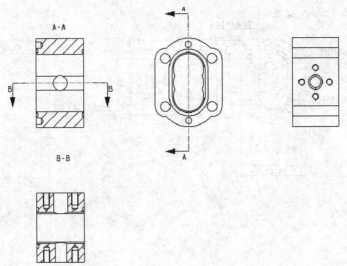

图5-144　插入全剖的B-B剖视图

7. 显示轴线、中心线

选中4个视图，单击"注释"选项卡中的"显示模型注释"按钮，弹出如图5-145所示的"显示模型注释"对话框。选择最右侧的"基准"选项卡，设置"类型"为"轴"，在视图上选择需要显示的轴线、中心线及圆等特征，选中的轴线等变为黑色，单击"确定"按钮，完成轴线、中心线的显示，结果如图5-146所示。

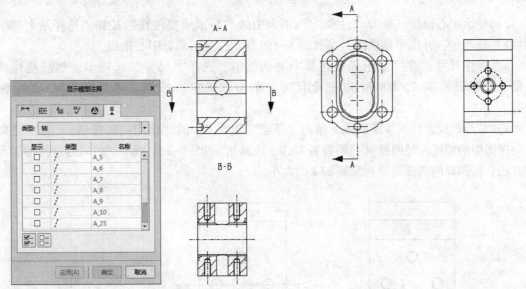

图5-145　"显示模型注释"对话框　　　　　　图5-146　显示轴线效果

8. 标注尺寸

切换到"注释"选项卡，分别单击"尺寸"按钮和"显示模型注释"按钮，参照如图5-147所示，标注系列尺寸，并调整尺寸位置和箭头方向。如果部分尺寸需要增加前缀和后缀符号，则选中尺寸，单击"尺寸"选项卡中的"尺寸文本"按钮，在如图5-148所示的"尺寸文本"对话框中输入即可。

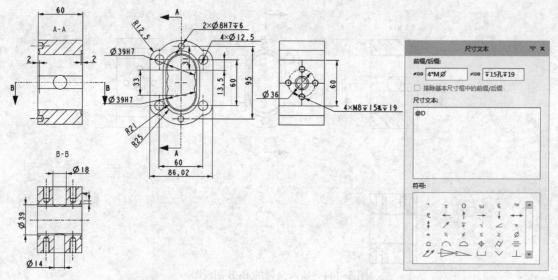

图 5-147 标注尺寸　　　　　　　　图 5-148 "尺寸文本"对话框

9. 插入右视端面向视图

1) 单击"普通视图"按钮，在主视图下方合适的位置单击，再双击出现的视图。在"绘图视图"对话框的"视图类型"中，选择"RIGHT"作为模型视图名。在"视图显示"设置界面中，设置"显示模式"为"消隐"，单击"确定"按钮，结果如图 5-149 所示。

2) 显示中心轴线。单击"注释"选项卡中的"显示模型注释"按钮，选择最右侧的"基准"选项卡，并选中该视图，参照图 5-150 所示，显示部分中心轴线。

3) 标注尺寸。在"显示模型注释"对话框中，选择"尺寸"选项卡，然后选择该视图，选择显示 φ36、M8 和 60 三个尺寸。单击"确定"按钮。重新修改 M8 的标注内容。

4) 草绘螺纹大径 3/4 圈圆弧。单击"草绘"选项卡中的"使用边"按钮，然后选择该向视图中的螺纹大径圆弧（只需要各勾选一段弧），如图 5-151 所示。然后通过拖动端点的方法，将选择的圆弧延伸到大概 3/4 的大小。

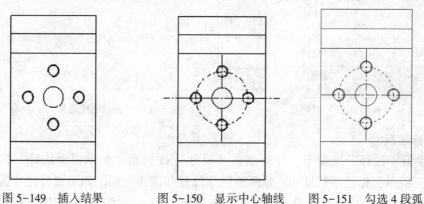

图 5-149 插入结果　　　图 5-150 显示中心轴线　　图 5-151 勾选 4 段弧

5）更改视图为端面向视图。切换到"布局"选项卡，双击该视图，设置"截面"为"单个零件曲面"，并选择该视图的端面，结果如图 5-152 所示。

6）插入向视图标注。单击"注释"选项卡中的"注解"下拉按钮，选择"引线注解"按钮，在主视图右侧合适的位置单击两次，调整注解方向，单击鼠标中键。再在注解框中输入"C"，单击绘图界面空白处完成标注。

用同样的方法，采用"独立注解"的方式，在端面向视图的上方插入"C"，结果如图 5-153 所示。

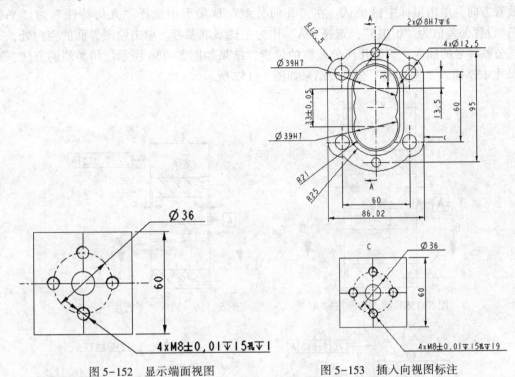

图 5-152　显示端面视图　　　　　　　图 5-153　插入向视图标注

10. 标注尺寸公差

对尺寸 33 增加尺寸公差。选中尺寸 33，在如图 5-154 所示的"尺寸"选项卡的"公差"组的"公差"下拉列表中选择"对称"选项，并设置公差为"0.05"。

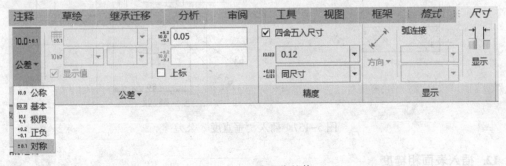

图 5-154　设置公差值

149

11. 插入形位公差

（1）插入基准平面并定义基准符号 A

单击"注释"选项卡中"基准特征符号"按钮，选择右视图最左侧的垂直直线（模型的前端面），单击鼠标中键，并输入"A"，单击绘图界面空白处退出基准符号的创建。调整基准符号到合适位置，结果如图 5-155 所示。

（2）插入公差

单击"几何公差"按钮，选择右视图最右侧垂直直线上的某一点单击，调整几何公差框放置方向，单击鼠标中键确认。在"几何公差"选项卡中选择"几何特性"为"平行度"，设置公差值为"0.015"，选择"A"作为主要基准参考。单击绘图界面的空白处，完成该公差符号的插入。调整几何公差框的位置，结果如图 5-156 所示。用类似的方法，选择尺寸 φ39 插入"垂直度"公差，结果如图 5-157 所示。

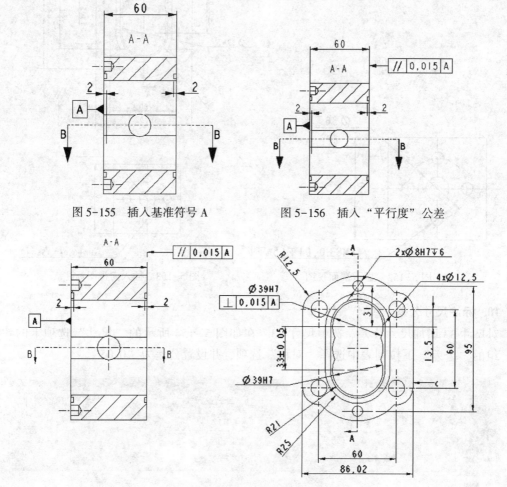

图 5-155　插入基准符号 A　　　　　图 5-156　插入"平行度"公差

图 5-157　插入"垂直度"公差

12. 插入表面粗糙度

单击"注释"选项卡中的"表面粗糙度"按钮，选择"CCD"为插入符号，将高度设置为 5，按照图 5-158 所示位置和表面粗糙度数值，插入各带数值的去除材料方法获得的表面粗糙度。

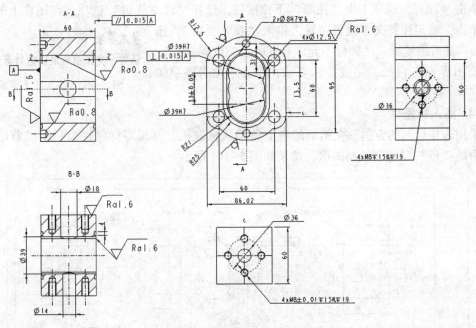

图 5-158　插入表面粗糙度

再次执行插入表面粗糙度命令，采用浏览的方式，找到"unmechined"目录下的"no_value2. sym"，按照图 5-159 所示，插入该符号。

在图形的下方，插入 Ra6. 3 的符号，如图 5-159 所示。

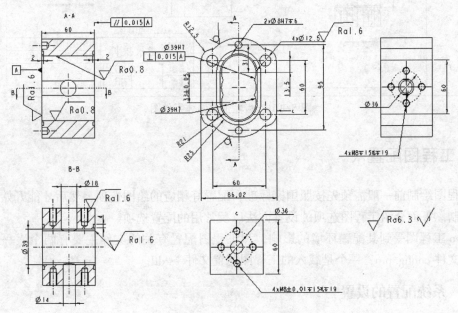

图 5-159　插入其他表面粗糙符号

13. 插入技术要求

单击"注释"选项卡中"注解"下拉按钮,选择"独立注解"选项,在图样上的合适位置单击,确定注解文本放置位置。输入"技术要求",按〈Enter〉键后继续输入"铸件不允许有气眼、裂纹等缺陷",单击绘图界面空白处,完成技术要求的添加,如图 5-160 所示。

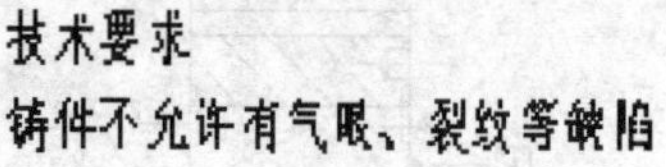

技术要求
铸件不允许有气眼、裂纹等缺陷

图 5-160　添加技术要求

14. 插入标题栏

采用表格绘制的方法,在图纸的右下角插入标题栏,并填写标题栏。利用"草绘"选项卡中的"线"功能,绘制图框,结果如图 5-161 所示。

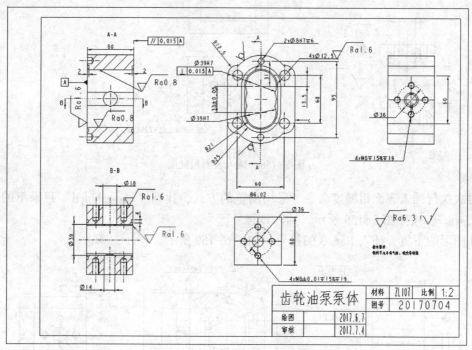

图 5-161　齿轮油泵泵体零件图

5.8　工程图配置

工程图绘制前一般需预先按照国家标准,配置好相应的绘图选项,然后才能开始进行工程图绘制。下面介绍工程图选项的设置方法以及常用的配置选项。

Creo 工程图受到其配置环境的影响,和工程图配置有关的文件主要有两个:一个是系统配置文件 config.pro,一个是载入的工程图配置文件 *.dtl。

5.8.1　系统配置的设置

在 Creo 中,选择"文件"→"选项"命令,出现如图 5-162 所示的"Creo Parametric 选项"对话框,选择"配置编辑器"选项,可以对系统配置文件进行设置。系统优先读取当前工作目录下的系统配置文件。

图 5-162 "Creo Parametric 选项"对话框

（1）"creo Parametric 选项"对话框

1）排序：表示所列参数排列顺序的方式，包括"按字母顺序""按设置""按类别"。

2）显示：表示下面所列是当前"活动绘图"的参数，还是打开的某个绘图配置文件的参数，默认是当前活动绘图的设置。

3）值：显示选择的参数的参数值，其下拉列表中显示了可供选择的选项，数值型的则可以直接在文本框中输入具体的值。

4）添加：添加某一参数。

5）查找：打开"查找选项"对话框，用于通过匹配字符的方式查找对应的选项，如图 5-163 所示。

在各参数名称前共有 3 种不同的图标：

：只对新建的模型、工程图等有效。对改变之前的建模无效，只对设置生效后新建的模型有效。

：选项设置后立即生效。

：选项设置后要重新运行 Creo 后才生效。

（2）Config. pro 的参数

Config. pro 中和工程图相关的参数主要如下所述。

1）pen_line_weight：控制图元的粗细。粗细范围是 1（最细）~16（最粗）。

2）angular_tol：设置角度尺寸的小数点位数及公差值。如 angular_tol 2 0.1，表示角度尺寸的小数位数为 2 位，公差值为 0.1。

图 5-163 "查找选项"对话框

3）auto_regen_views：控制视图是否自动刷新。

4）create_fraction_dim：将所有尺寸以分数显示。

5）drawing_setup_file：默认的工程制图标准文件。例如要使用 d:\Creo4\CNS-China.dtl 文件，则应设成 drawing_setup_file d:\Creo4\CNS-China.dtl（需明确指定 CNS-China.dtl 所在的目录）。

6）highlight_erased_dwg_views：设置拭除视图时是否显示视图线框和名称。

● uyes：突出显示视图框线及其名称。

● uno：不显示视图框线及其名称。

7）highlight_new_dims：设置在工程图中是否以红色凸显出新尺寸。

8）linear_tol：设置长度尺寸的小数点位数及公差值。如 linear_tol 3 0.001 代表小数点位数有 3 位，默认的公差值为 0.001。

9）make_proj_view_notes：设置在投影图中是否自动显示出视图名称。

10）parenthesize_ref_dim：控制参照尺寸显示方式，设为 no 时，参照尺寸后附带 REF 文字；设为 yes 时，参照尺寸在括号内。

11）tol_display：设置是否要显示公差。

● no：不显示公差。

● yes：显示公差。

12）tolerance_class：默认公差等级。

13）tolerance_standard：公差标准使用 ANSI 或 ISO，默认为 ANSI。

此外，还可以通过"Creo Parametric 选项"对话框对部分系统环境进行直接设置，其中包括"环境""系统外观""模型显示""图元显示"等。其与通过 Config.pro 来设置参数的不同之处在于，每次重新启动系统后，系统环境都默认为 Config.pro 文件中的值。

5.8.2　CNS-cn.dtl 中与工程图有关参数的设置

选择"文件"→"准备"→"绘图属性"→"详细信息选项"→"更改"命令，弹出如图 5-164 所示的"选项"对话框，用于设置绘图选项。该对话框中各部分选项的含义、用法和图 5-162 所示的"Creo parametric 选项"对话框基本相同。

1. 以下选项控制与其他选项无关的文本

1）drawing_text_color：控制绘图中的文本颜色。当设置为"letter_color"时，所有绘图文本显示为字母颜色，当设置为"edge_highlight_color"时，所有绘图文本显示为边突出显示颜色。

2）text_height：设置新创建注释的默认文本高度。

3）text_thickness：设置文字笔画的宽度，默认值为 0，即使用 CNS 的制式规定：拉丁字母及数字的粗细为字高的 1/10，中文的粗细为字高的 1/8。

4）text_width_factor：设置文字宽度和高度的比例，默认值为 0.8。

2. 以下选项控制视图和它们的注释

1）broken_view_offset：设置破断视图两部分的偏移距离，默认值为 1。

2）def_view_text_height：设置视图名称、剖视图和局部视图名称的文字高度，默认高度为 3。

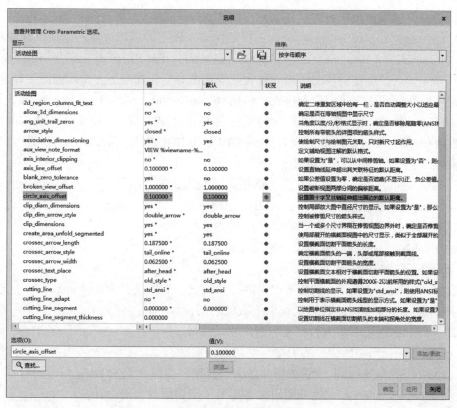

图 5-164 "选项"对话框

3) def_view_text_thickness：设置视图名称、剖视图和局部视图名称的文字宽度。默认宽度为 0，即使用 CNS 的制式规定：拉丁字母及数字的粗细为字高的 1/10，中文的粗细为字高的 1/8。

4) detail_circle_line_style：设置局部放大图的边界圆的线型。默认选项为 solidfont，边界圆为实线，其他选项包括 dotfont、ctrlfont、phantomfont、dashfont 等。

5) detail_view_boundary_type：设置局部放大图父视图默认边界类型，包括 circle（圆）、ellipse（椭圆）、spline（样条曲线）等。

6) detail_view_circle：设置局部放大图在父视图中是否以圆显示局部区域的范围。

● on：在父视图中以圆显示局部区域的范围。

● off：不显示局部区域的范围

7) detail_view_scale_factor：设置局部放大图的放大倍数，默认为两倍。

8) half_view_line：指定对称线的线型，制图标准中规定采用中心线。

● solid：有材料的地方绘制为实线。

● symmetry：绘制一条延伸出零件轮廓外的中心线，作为分界线。

● none：不绘制线。

9) model_display_for_new_views：确定创建视图时，模型线的显示样式。

10) projection_type：指定投影图是使用第一角法或第三角法。我国标准是第一角法。

● third_angle：第三角投影法。

- first_angle：第一角投影法。

11）tan_edge_display_for_new_views：指定新加入视图的相切边显示型式。其选项包括：default、tan_solid、no_disp_tan、tan_ctrln、tan_phantom、tan_dimmed、save_environment。

12）view_note：创建剖视图、局部放大图等视图时会在视图下方出现视图注释。该参数用于指定视图注释的文字采用何种格式，包括 std_ansi、std_iso、std_jis 及 std_din。设为 std_ansi、std_iso 或 std_jis，则视图下方的批注为标准形式，如 DETAIL A、SEEDETAIL A、SECTION A-A 等；设为 std_din，则省略 DETAIL、SEEDETAIL、SECTION，仅显示出 A 或 A-A。我国标准应为"std_din"格式。

13）view_scale_format：设置视图比例的显示形式。
- decimal：比例的显示形式为 SCALE：2.000。
- fractional：比例的显示形式为 SCALE：2/1。
- ratio_colon：比例的显示形式为 SCALE：1:2。

3. 以下选项控制横截面和箭头

1）crossec_arrow_length：剖切面线上的箭头长度，应该设置为 4~6 mm。

2）crossec_arrow_style：设置剖切面箭头的绘制位置。
- tail_online：剖切面箭头的尾端与剖切面线接触。
- head_online：剖切面箭头的尖端与剖切面线接触。

3）crossec_arrow_width：设置剖切面箭头的宽度，应该设置为 1mm。

4）crossec_text_place：设置剖切面文本相对于剖切面箭头的位置。
- after_head：箭头前。
- before_tail：箭头尾后。
- above_tail：箭头尾上方。
- above_line：箭头线上方。
- no_text：没有文字。

5）cutting_line：设置切割线的显示标准。

6）def_xhatch_break_around_text：控制剖切面与剖面线是否沿文字破断。

7）def_xhatch_break_margin_size：控制剖面线与文本之间的偏移距离。

8）remove_cosms_from_xsecs：创建全剖面时，控制基准曲线和修饰特征（如修饰螺纹、压花等）的显示。
- total：从剖面视图中，删除完全在剖切平面前面的基准曲线或修饰特征，只有当这些特征与该剖切平面相交时，才能完整显示。
- all：去除所有类型的剖面视图基准曲线和修饰特征。
- none：显示所有基准曲线和修饰性特征。

9）show_quilts_in_total_xsecs：在剖视图中，是否将曲面包含在剖面的剖切过程中。设为 yes，则创建剖面时，曲面会被剖切；设为 no，则创建剖面时，曲面不会被剖切。

4. 以下选项控制在视图中显示的实体

1）datum_point_shape：控制基准点的显示型式。包括 cross（×）、circle（○）、triangle（△）、square（□）和 dot（●）。

2）datum_point_size：控制基准点显示的大小。

3）hidden_tangent_edges：控制视图中隐藏相切边的显示。

● default：使用相切边的环境显示设置（即"工具"→"环境"菜单下"相切边"的设置）。

● dimmed：隐藏相切边以灰色虚线显示。

● erased：移除所有隐藏相切边。

4）hlr_for_datum_curves：指定基准曲线是否要纳入隐藏线的计算范围内。

● yes：计算隐藏线的显示时，会将基准曲线纳入计算。

● no：计算隐藏线的显示时，忽略基准曲线。

5）hlr_for_threads：控制工程图中螺纹的显示，如为"yes"，显示隐藏线。螺纹符合 ISO 或 ANSI 标准。

6）thread_standard：控制轴垂直于屏幕的螺纹孔的显示方式。

● ISO：螺纹孔显示成圆弧，轴向不显示。

● ANSI：螺纹孔显示成圆，轴向不显示。

● JIS：在螺纹孔内显示成圆弧，轴向显示。它是最符合我国标准的参数。

5. 以下选项控制尺寸

1）allow_3d_dimensions：设置是否在等轴测视图中显示尺寸。

2）ang_unit_trail_zeros：角度尺寸尾数为零时的显示方式。

● yes：以度/分/秒格式显示角度尺寸时，删除尾数的零（根据 ANSI 标准）。

● no：角度尺寸或公差不显示尾数的零。

3）associative_dimensioning：在工程图中绘制二维线条时，线条是否与其尺寸相关联。

● yes：所绘制的二维线条将与其尺寸相关联，尺寸的数值改变时，线条的长度亦改变。

● no：线条与其尺寸为无关联。

4）default_chamfer_text：定义 45°倒角尺寸的默认倒角文本。

5）clip_diam_dimensions：控制局部放大图中直径尺寸的显示方式。

● yes：位于局部放大图边界外的直径尺寸会被裁剪掉（即不显示直径尺寸）。

● no：会显示出直径尺寸。

6）clip_dim_arrow_style：控制被裁剪尺寸的箭头类型。

● double_arrow：双箭头→→。

● arrowhead：单箭头→。

● dot：空心圆点○。

● filled_dot：实心圆点●。

● slash：斜线／。

● integral：积分符号∫。

● box：空心方格□。

● filled_box：实心方格■。

● none：无箭头。

7）clip_dimensions：控制局部放大图中的尺寸显示方式。

● yes：完全位于局部放大图边界外的尺寸不显示，横跨局部放大图边界的尺寸则用双箭头显示。

- no：所有尺寸都会显示出来。

8）default_angdim_text_orientation：设置角度尺寸的默认文本方向。

9）default_diadim_text_orientation：设置直径尺寸的默认文本方向。

10）default_lindim_text_orientation：设置线性尺寸（中心引线配置除外）的默认文本方向。

11）default_raddim_text_orientation：设置半径尺寸的默认文本方向。

12）default_orddim_text_orientation：设置纵坐标尺寸的默认文本方向。

13）default_dim_elbows：设置尺寸的引线是否允许折弯显示。

14）dim_fraction_format：控制分数尺寸的显示格式。

15）dim_leader_length：当箭头在延伸线的外侧时，设置尺寸线的长度。

16）dim_text_gap：设置尺寸文字和尺寸线之间间隙的大小。

17）draft_scale：确定绘图上的制图尺寸相对于绘制图元实际长度的值，其默认值为1。

18）dual_digits_diff：控制次要尺寸与主要尺寸相比，小数点右边的数字位数。例如，-1表示比主要尺寸少一位。

19）dual_dimensioning：控制尺寸显示的格式，决定是否使用双重尺寸的显示方式。

- no：显示单一尺寸。
- primary[secondary]：显示主单位和次单位。
- secondary[primary]：显示次单位和主单位。
- secondary：显示次单位。

20）dual_dimension_brackets：确定辅助尺寸单位是否带括号显示。

21）dual_secondary_units：指定双重尺寸中辅助尺寸的单位。

22）iso_ordinate_delta：控制"尺寸界线"超出"尺寸线"的长度值如何确定。默认设置为no，则延伸量大约为2mm；设置为yes，则延伸量由参数witness_line_delta决定。

23）lead_trail_zeros：尺寸中小数点之前的0及小数点之后的0是否要显示（lead代表小数点之前，trail代表小数点之后）。

- std_default：不显示小数点之前的0，显示小数点之后的0，例如0.1200显示为.1200。
- std_metric：显示小数点之前的0，不显示小数点之后的0，例如0.1200显示为0.12。
- std_english：不显示小数点之前的0，显示小数点之后的0，例如0.1200显示为.1200。
- both：小数点之前的0和小数点之后的0皆显示，例如0.1200即显示为0.1200。

24）radial_dimension_display：径向尺寸显示成ASME、ISO或JIS标准格式，但text_orientation设为horizontal（水平）时除外。

25）witness_line_delta：设置尺寸界线超出尺寸线的延伸量，一般为3mm。

26）witness_line_offset：设置尺寸界线与被标注对象之间的偏移距离。我国制图标准应该是0。

6. 以下选项控制文本和线型

1）default_annotation_font：指定默认文字字体。

2）symbol_font：定义Creo注释中可用符号的字体。

7. 以下选项控制引线

1）arrow_style：设置箭头样式，包括 closed（封闭）、open（开口）、filled（填充）。

2）dim_dot_box_style：设置控制引线的箭头样式以 hollow（中空）或 filled（填充）形式显示。

3）draw_arrow_length：设置引线箭头长度，制图标准规定为 4~6 mm。

4）draw_arrow_width：设置引线箭头宽度，制图标准规定应该是 0.7 左右。

5）leader_elbow_length：指定引线弯曲的长度。

8. 以下选项控制轴

1）axis_interior_clipping：是否允许在中心线的内部做裁剪或拖曳。

2）axis_line_offset：设置轴线延伸超出其特征的距离，按照制图标准，应该为 3~5 mm。

3）circle_axis_offset：设置圆的十字中心线延伸超出其特征的距离。制图标准要求 3~5 mm。

4）radial_pattern_axis_circle：设置径向特征中，垂直于屏幕的旋转轴显示模式。设置为 no 时显示各自轴线；设置为 yes 时显示一个圆形共享轴，且轴线穿过旋转阵列的各个中心。

9. 以下选项控制几何公差信息

1）gtol_datums：设置几何公差的基准轴、基准平面及参照几何的显示方式。

2）gtol_dim_placement：当几何公差附在一个含有文字的尺寸上时，确定几何公差的摆放位置。

- on_bottom：几何公差会被放在尺寸的最底部。
- under_value：几何公差会被放在尺寸的下方、文字的上方。

3）new_iso_set_datums：设置是否根据 ISO 标准来显示几何公差基准。

4）stacked_gtol_align：几何公差堆叠在一起时，设置是否要对齐。

10. 以下选项控制表

2d_region_columns_fit_text：是否要自动调整二维重复区域中每个栏框的宽度，以容纳每个栏框的最长文字，且不会覆盖到相邻栏框或在表格中出现大间隙。

- yes：重新调整二维重复区域中每个栏框的宽度，以容纳最长的文字。
- no：栏框仍保持原来的宽度。

11. 以下选项控制尺寸公差

1）blank_zero_tolerance：控制正负公差为零时是否要显示。

2）tol_display：控制是否显示公差。

3）tol_text_height_factor：公差以"正负"显示时，设置公差文字高度的比例值。一般设置为 0.75。

4）tol_text_width_factor：公差以"正负"显示时，设置尺寸文字宽度和公差文字宽度之间的比例，一般设置为 0.75。

12. 其他选项

1）decimal_marker：设置辅助尺寸中小数点所使用的符号。

- comma_for_metric_dual：默认选项。若使用单一尺寸，则小数点使用句点（例如：15.21）；若使用双重尺寸，则小数点为逗点。
- period：使用句点（例如：1.12）。

● comma：使用逗点（例如：1,12）。

2）drawing_units：设置工程图所使用的单位，包括 mm、inch、foot、cm 及 m，机械制图中用 mm。

3）line_style_standard：控制工程图中文字的颜色。除非将此选项设置为 std_ansi，否则工程图中所有的文字显示为蓝色。

4）max_balloon_radius：设置球标半径的最大允许值，默认为 0，代表球标半径取决于球标内文字的大小，非 0 值则为允许的最大球标半径值。

5）min_balloon_radius：设置球标半径的最小允许值，默认为 0，代表球标半径取决于球标内文字的大小，非 0 值则为允许的最小球标半径值。

下篇　上机实训篇

　　基础理论篇介绍了基本的草绘、零件建模、组件、零件工程图的创建。下篇在基础理论篇的基础上，通过上机实训，针对 Creo 的核心内容进行综合性练习。每章均有详细操作过程的范例，以及自主练习的习题。其中零件建模部分增加了弹簧、齿轮的创建，属于参数、方程、挠性设置及使用等高级应用；工程图部分增加了组件工程图内容。通过下篇的学习，读者可以快速提升 Creo 的使用水平，并能完成大部分的设计任务。

　　第 6 章　草绘实训
　　第 7 章　建模实训
　　第 8 章　装配实训
　　第 9 章　工程图实训

第 6 章 草 绘 实 训

本章通过较为复杂的草绘实例，深化草绘及其编辑功能应用。习题则供读者自主练习，使读者循序渐进地掌握草绘的方法。

6.1 垫片草绘实例

练习草绘如图 6-1 所示的图形。

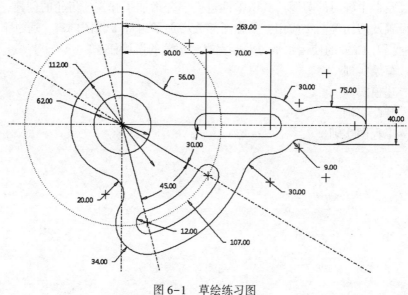

图 6-1　草绘练习图

1）新建绘图文件"6-1. drw"。单击"新建"按钮，弹出如图 6-2 所示的"新建"对话框，选择"草绘"选项，输入名称"6-1"，单击"确定"按钮进入草绘界面。

2）单击"中心线"按钮 ，绘制水平和竖直中心线，并按照图 6-1 所示的角度绘制两条斜线中心线。单击"构造模式"按钮 ，再单击"圆"按钮 ，以中心线的交点为圆心，创建一个构造圆，草绘结果如图 6-3 所示。

3）取消"构造模式"，单击"圆"按钮 ，绘制与构造圆同心的两个圆。再绘制如图 6-4所示的 4 个半径相等的小圆。

图 6-2 "新建"对话框

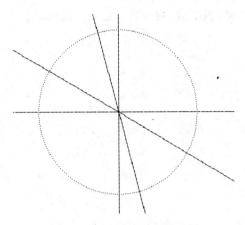

图 6-3 绘制中心线与构造圆

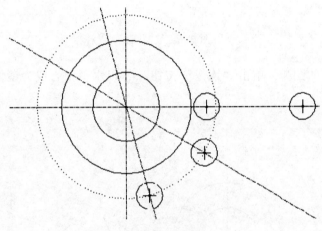

图 6-4 绘制圆

4）单击"圆"按钮，绘制如图 6-5 所示的两个圆，注意圆心所在的位置。

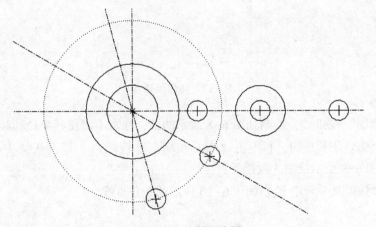

图 6-5 绘制两个圆

5）单击"弧"下拉按钮，再单击"3点/相切端"按钮 ↷，绘制如图6-6所示的圆弧，绘制好后通过相切约束使其与最右侧的圆相切。

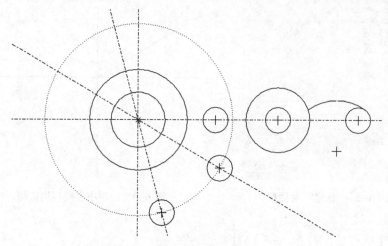

图6-6 绘制圆弧

6）选择刚绘制的圆弧，单击"镜像"按钮 ，以水平中心线为镜像轴线，镜像该圆弧，如图6-7所示。

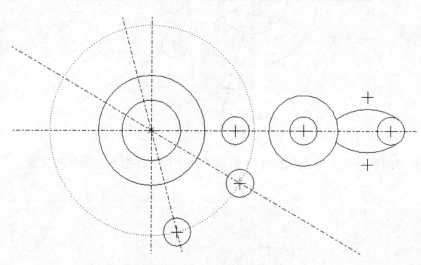

图6-7 镜像圆弧

7）单击"圆"按钮 ⊙，绘制如图6-8所示的圆，注意不要使其半径和其他圆相等。

8）单击"弧"下拉按钮，再单击"圆心和端点"按钮 ↷，以两正交中心线的交点为圆心，按照如图6-9所示绘制3段圆弧。

9）单击"线"按钮 ，绘制如图6-10所示的3条直线。

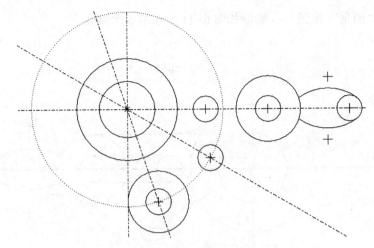

图 6-8　绘制圆

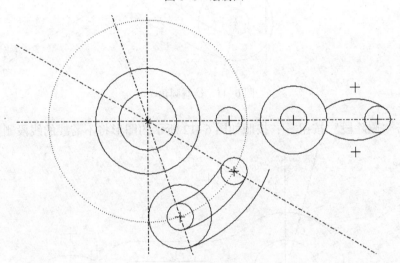

图 6-9　绘制圆弧

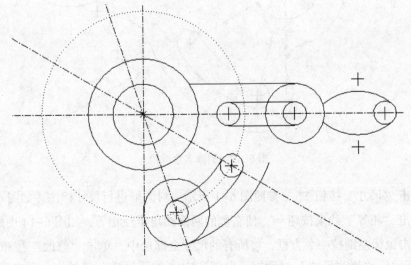

图 6-10　绘制直线段

10）单击"圆角"按钮 ⊾，绘制如图 6-11 所示的 5 个圆角。

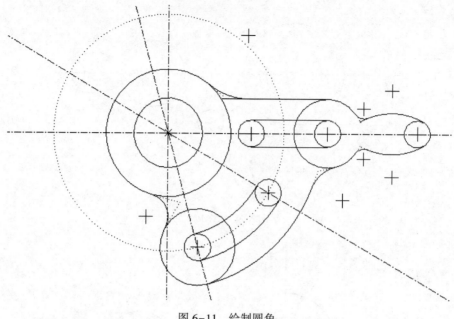

图 6-11　绘制圆角

11）单击"删除段"按钮 ，按照如图 6-12 所示的图形将不需要的线段删除。

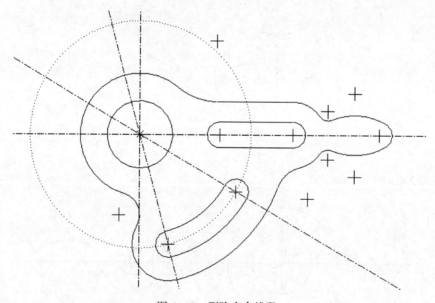

图 6-12　删除多余线段

12）单击"尺寸"按钮 ↔，参照图 6-1 所示，对图形进行尺寸标注，如图 6-13 所示。

13）单击"相等"约束按钮 ＝，使右侧的两倒圆角半径相等，如图 6-14 中的 3。

14）单击鼠标左键拉一个方框，将所有的尺寸全部选中。单击"修改"按钮 ，弹出如图 6-15 所示的"修改尺寸"对话框。取消选中"重新生成"复选框，并参照图 6-1 所

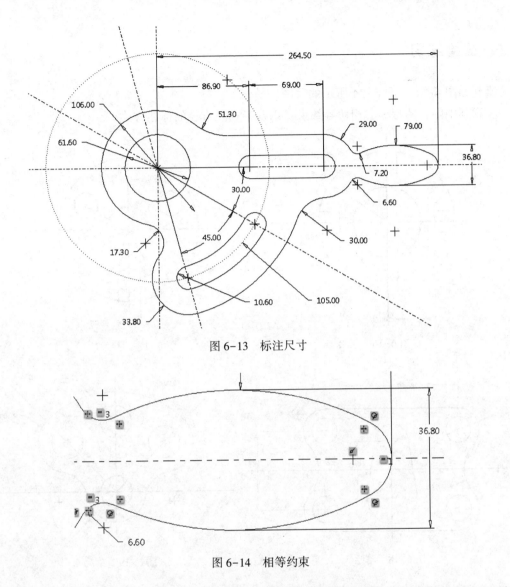

图 6-13　标注尺寸

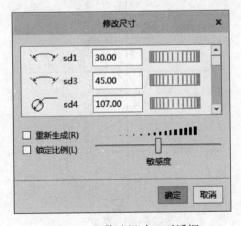

图 6-14　相等约束

示将对应的尺寸全部修改。最后单击"确定"按钮，完成尺寸修改。结果参见图 6-1 所示。

修改尺寸			✕

sd1	30.00	
sd3	45.00	
sd4	107.00	

☐ 重新生成(R)
☐ 锁定比例(L)　　　　　敏感度

确定　取消

图 6-15　"修改尺寸"对话框

6.2 草绘练习

绘制如图 6-16 ~图 6-24 所示的草图。

注意其中隐含的相等、相切等约束，以及半径、直径的标注方式。

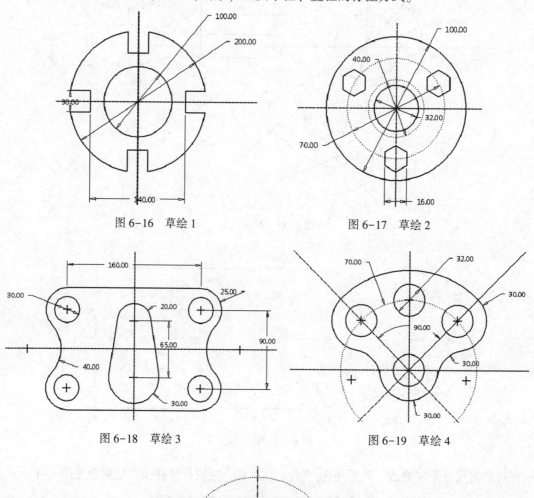

图 6-16　草绘 1

图 6-17　草绘 2

图 6-18　草绘 3

图 6-19　草绘 4

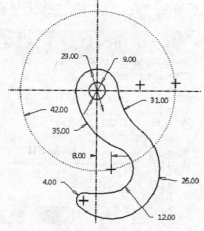

图 6-20　草绘 5

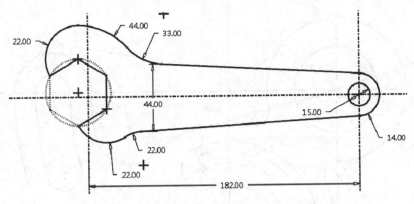

图 6-21　草绘 6

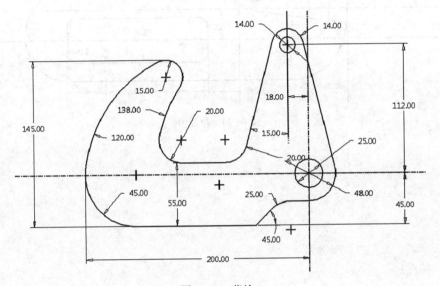

图 6-22　草绘 7

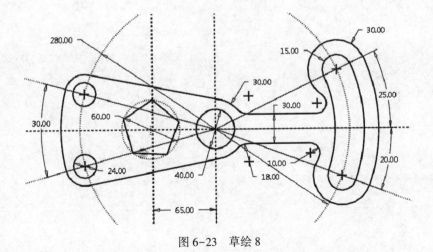

图 6-23　草绘 8

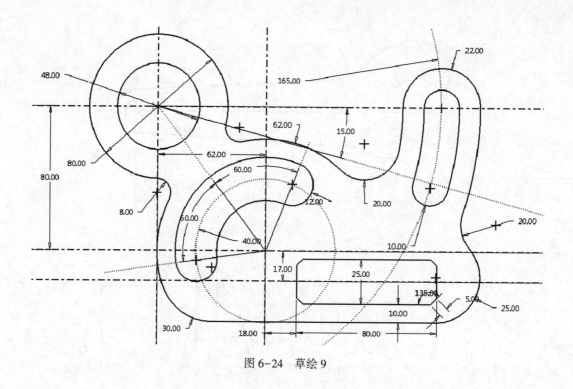

图 6-24 草绘 9

第 7 章　建 模 实 训

本章通过 3 个具体实例，综合利用基础建模知识完成零件的建模。其中齿轮建模主要介绍参数、方程的应用，弹簧建模则介绍挠性设置及使用方法。习题供读者自主练习，数字资源里面的模型，则提供了模型树建模思路供参考。通过本章的学习，读者可以完成工程中碰到的大部分零件建模。

7.1　支架建模实例

创建图 7-1 和图 7-2 所示的支架模型。

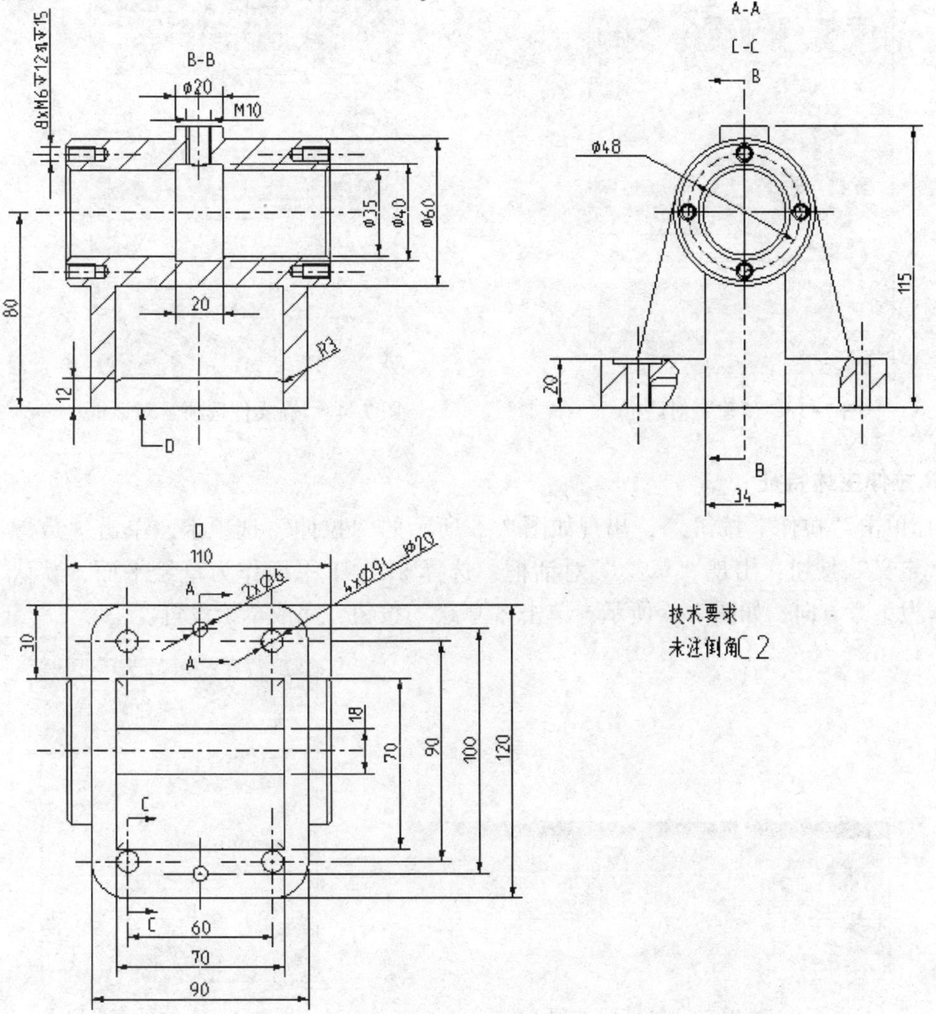

图 7-1　支架工程图

图7-2 支架模型

1. 新建 zhijia 零件

单击"新建"按钮 ，弹出如图7-3所示的"新建"对话框。设置"类型"为"零件"，"子类型"为"实体"，输入名称"zhijia"，取消选中"使用默认模板"复选框，单击"确定"按钮，弹出如图7-4所示的"新文件选项"对话框，选择"mmns_part_solid"，单击"确定"按钮进入建模界面。

图7-3 "新建"对话框 　　　　　　图7-4 "新文件选项"对话框

2. 拉伸主体特征

1）单击"拉伸"按钮 ，出现如图7-5所示的"拉伸"选项卡，单击"放置"面板中的"定义"按钮，出现"草绘"对话框，选择 FRONT 平面作为草绘平面，默认 RIGHT 平面作为参考方向，如图7-6所示，单击"草绘"按钮，完成草绘设置。

图7-5 "拉伸"选项卡 　　　　　　图7-6 草绘平面设置

2）单击"草绘视图"按钮 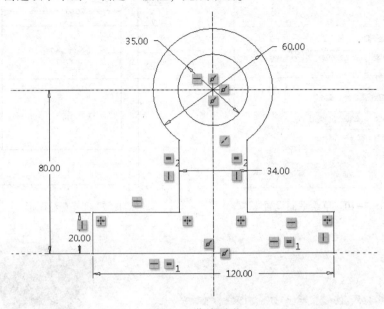，使草绘平面与屏幕平行，绘制如图 7-7 所示图形。绘制完成后，单击选项卡中的"确定"按钮，完成草绘。

图 7-7　草绘图形

3）在如图 7-5 所示的"拉伸"选项卡中输入深度值 90，单击"确定"按钮，完成拉伸特征的创建，结果如果 7-8 所示。

4）延长拉伸空心圆柱部分。按照上述步骤，选择空心圆柱左侧面作为草绘平面，绘制与现有圆环形重合的圆环，设置拉伸深度为 10。再按照此方式，在空心圆柱右侧面进行拉伸，结果如图 7-9 所示。

图 7-8　拉伸主体特征

图 7-9　延长拉伸空心圆柱

3. 拉伸底面特征

1）单击"拉伸"按钮 ，出现图 7-5 所示的"拉伸"选项卡，单击"放置"面板的"定义"按钮，出现"草绘"对话框，选择底面平面作为草绘平面，其余采用默认设置，单击"草绘"按钮，完成草绘设置，如图 7-10 所示。

2）单击"草绘视图"按钮 ，使草绘平面与屏幕平行，绘制如图 7-11 所示的图形。绘制完成后，单击"确定"按钮，完成草绘。

3）在图 7-12 所示的"拉伸"选项卡中，输入拉伸深度 12，并且单击"更改拉伸方向"按钮和"去除材料"按钮，单击"确定"按钮，完成底面特征拉伸，如图 7-13 所示。

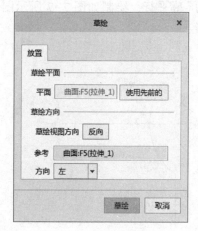

图 7-10　草绘平面设置

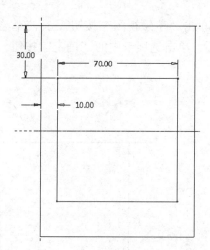

图 7-11　草绘图形

图 7-12　"拉伸"选项卡

图 7-13　拉伸底面特征

4. 拉伸中间部分特征

1）单击"拉伸"按钮，选择在步骤 3 中拉伸的底面作为草绘平面。

2）单击"草绘视图"按钮，使草绘平面与屏幕平行，绘制如图 7-14 所示的图形。绘制完成后，单击选项卡中的"确定"按钮，退出草绘器。

3）在"拉伸"选项卡中，单击"拉伸至选定的点、曲线、平面或曲面"按钮，选择拉伸到圆柱外曲面位置，如图 7-15 所示，并单击"去除材料"按钮，单击"确定"按钮，完成拉伸特征的创建，如图 7-16 所示。

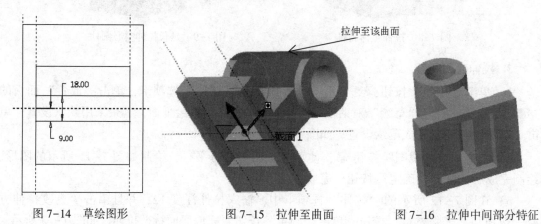

图 7-14　草绘图形　　　　　图 7-15　拉伸至曲面　　　　图 7-16　拉伸中间部分特征

174

5. 创建基准平面 DTM1

单击"平面"按钮 ▱，弹出如图 7-17 所示的"基准平面"对话框，选择下底面作为基准平面，设置偏移距离为 115，调整偏移方向，单击"确定"按钮，完成基准平面 DTM1 的创建，结果如图 7-18 所示。

6. 拉伸上部圆柱体

单击"拉伸"按钮 ▣，选择 DTM1 平面作为草绘平面，绘制如图 7-19 所示的草绘图形。单击"确定"按钮，退出草绘器。单击"拉伸至选定的点、曲线、平面或曲面"按钮 ▥，选择拉伸到圆柱外曲面位置，单击"确定"按钮，完成拉伸特征创建，结果如图 7-20 所示。

图 7-17 "基准平面"对话框

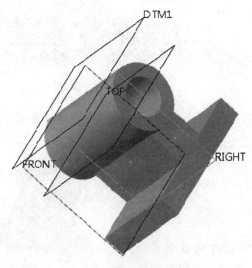

图 7-18 基准平面 DTM1

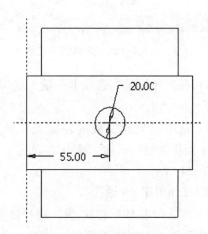

图 7-19 草绘图形

7. 创建基准平面 DTM2

单击"平面"按钮 ▱，选择 FRONT 平面作为基准平面，设置偏移距离为 45，调整偏移方向，单击"确定"按钮，完成基准平面 DTM2 的创建，结果如图 7-21 所示。

图 7-20 拉伸上部圆柱体

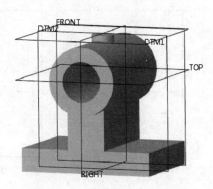

图 7-21 创建基准平面 DTM2

8. 创建轮廓筋

1）单击"筋"按钮下拉，再单击"轮廓筋"按钮![]，出现如图 7-22 所示的"轮廓筋"选项卡。选择平面 DTM2 作为草绘平面，进入草绘器，绘制如图 7-23 所示的筋轮廓。绘制完成后，单击"确定"按钮，退出草绘器（应将圆柱外表面和底板上表面设为参照）。

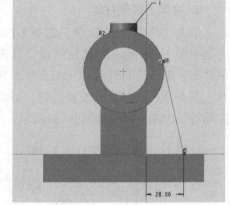

图 7-22 "轮廓筋"选项卡　　　　　　　图 7-23 筋轮廓

2）在"轮廓筋"选项卡中输入筋厚度值 10，单击"确定"按钮，完成一侧轮廓筋的创建。

3）选中已创建完成的轮廓筋，单击"镜像"按钮![]，选择 RIGHT 面作为镜像平面，单击"确定"按钮，完成轮廓筋的创建，如图 7-24 所示。

9. 拉伸创建 $\phi 6$ 通孔

1）单击"拉伸"按钮![]，选择底座上平面作为草绘平面，绘制如图 7-25 所示的草绘图形。单击"确定"按钮，退出草绘器。单击"去除材料"按钮，调整拉伸方向，单击"确定"按钮，完成拉伸特征的创建。

图 7-24 创建轮廓筋

2）通过镜像特征完成另一侧通孔的创建，结果如图 7-26 所示。

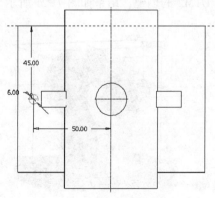

图 7-25 草绘图形　　　　　　　图 7-26 创建通孔

10. 拉伸 φ9 通孔及 φ20 圆柱形沉头孔

1）单击"拉伸"按钮 ▣，选择底座上平面作为草绘平面，绘制如图 7-27 所示的草绘图形。单击"确定"按钮，退出草绘器。单击"去除材料"按钮，调整拉伸方向，单击"确定"按钮，完成 φ9 通孔的创建。

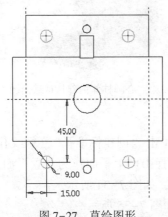

图 7-27　草绘图形　　　　　　　　　　图 7-28　创建 φ9 通孔

2）单击"拉伸"按钮 ▣，选择底座上平面作为草绘平面，绘制如图 7-29 所示的草绘图形。单击"确定"按钮，退出草绘器。设置拉伸深度为 2，单击"去除材料"按钮，调整拉伸方向，单击"确定"按钮，完成 φ20 圆柱形沉头孔创建，如图 7-30 所示。

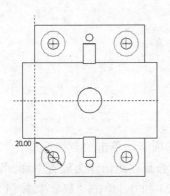

图 7-29　草绘图形　　　　　　　　　　图 7-30　创建 φ20 圆柱形沉头孔

上述孔的创建，也可以通过"孔"特征按钮 ▣孔 结合镜像、阵列等操作完成。

11. 拉伸空心圆柱体内部特征

单击"拉伸"按钮 ▣，选择 DTM2 平面作为草绘平面，绘制如图 7-31 所示的草绘图形。单击"确定"按钮，退出草绘器。单击"对称"按钮 日，即"在各方向上以指定深度值的一半拉伸草绘平面的双侧"，设置拉伸深度为 20，单击"去除材料"按钮，单击"确定"按钮，完成拉伸特征的创建，其截面效果如图 7-32 所示。

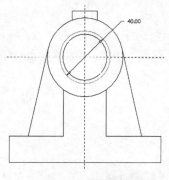

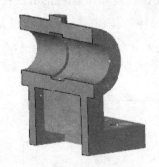

图 7-31 草绘图形   图 7-32 空心圆柱体内部特征截面图

12. 创建 M10 孔特征

1）单击"孔"按钮 ，出现"孔"选项卡。单击"创建标准孔"（螺纹孔）按钮 ，按照图 7-33 所示设置参数。打开"放置"面板，选择 DTM1 平面作为放置平面，同时按住〈Ctrl〉键，选择 DTM2 平面与 RIGHT 平面相交的轴，如图 7-34 所示。

2）单击"确定"按钮，完成 M10 孔的创建，如图 7-35 所示。

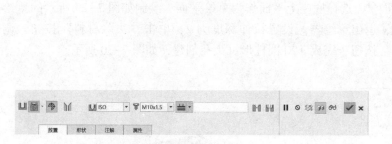

图 7-33 "孔"选项卡   图 7-34 "孔"放置设置

13. 阵列 M6 孔特征

1）创建 M6 孔。单击"孔"按钮 ，出现"孔"选项卡。单击"创建标准孔"按钮，按照图 7-36 所示设置参数。打开"放置"面板，选择空心圆柱侧面作为放置平面，选择轴 A_1 与 RIGHT 平面作为参考平面，分别设置偏移距离为 24 和 0。单击"确定"按钮，完成第一个 M6 孔的创建。

图 7-35 创建 M10 孔   图 7-36 "孔"选项卡

178

2）选中创建好的 M6 孔，单击"阵列"按钮⊞，在出现的"阵列"选项卡中，选择阵列方式为"轴阵列"，选择轴 A_1 为阵列中心轴，输入阵列个数 4，设置角度为 90°，如图 7-37 所示，单击"确定"按钮，完成阵列 M6 孔的创建。

3）通过"镜像"命令，在空心圆柱另一侧创建 M6 孔，结果如图 7-38 所示。

图 7-37 "阵列"选项卡   图 7-38 创建 M6 孔

14. 倒角和倒圆角

1）单击"倒角"按钮🗗，选择空心圆柱侧面外轮廓线，模式为 D∗D，输入倒角距离 2，单击"确定"按钮完成倒角。再次单击"倒角"按钮，选择 8 个 M6 孔外轮廓线，模式为 D∗D，输入倒角距离 1，单击"确定"按钮完成倒角。

2）单击"倒圆角"按钮🗗，依次选择需要倒圆角的下底座平面，输入半径为 15，单击"确定"按钮完成倒圆角，再按图 7-39 所示进行倒圆角。

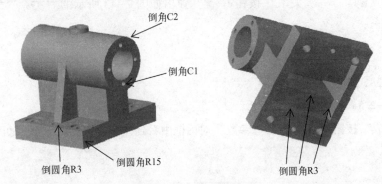

图 7-39 倒角和倒圆角

支架零件模型创建完成的结果如图 7-2 所示。

7.2 齿轮轴建模实例

完成如图 7-40 所示主动齿轮轴的创建，m=3 mm，z=11，α=20°。

1. 基本坯体示例图

首先按照图 7-40 所示完成基本坯体的创建，结果如图 7-41 所示。下面着重介绍渐开线齿轮的创建过程。

2. 创建齿轮

（1）设置齿轮参数和各参数之间的关系

1）单击"工具"→"参数"按钮 []参数，弹出如图 7-42 所示的"参数"对话框，单

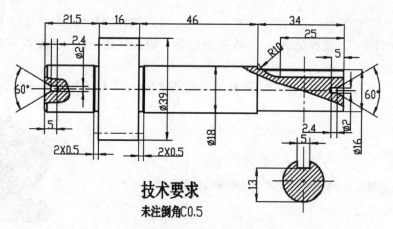

图 7-40　主动齿轮轴

图 7-41　齿轮轴坯体

击 +，添加如下参数：m=3，z=11，alph=20，并添加 d、dh、da、db 参数。

2）单击"工具"→"关系"按钮 d= 关系，弹出如图 7-43 所示的"关系"对话框，在其中输入如下关系：

$$d = m * z$$
$$db = d * (\cos(alph))$$
$$da = d + 2 * m$$
$$dh = d - 2.5 * m$$

单击"完成"按钮 ✓，将会在"参数"对话框中看到计算后的直径尺寸，如图 7-42 所示。

图 7-42　"参数"对话框

图 7-43　"关系"对话框

（2）绘制基准圆

1）单击"草绘"按钮 ，选择轮齿左端面作为草绘平面，方向朝右。绘制 4 个圆，标注直径尺寸。完成后退出草绘器，如图 7-44 所示。

180

2）选择刚绘制的圆，右击，从弹出的快捷菜单中选择"编辑"命令，单击"工具"→"关系"按钮，添加如图7-45所示的关系。注意左侧的变量名，根据具体显示的名称填写，也可以选择对应的尺寸自动添加名称。要查看尺寸对应的变量名，可以单击"关系"对话框中的按钮，在尺寸值和变量名之间切换。完成后选择"编辑"→"再生"命令，完成基准圆的绘制。

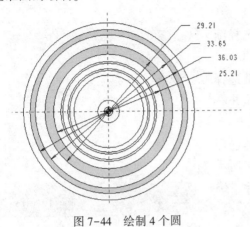

图7-44　绘制4个圆

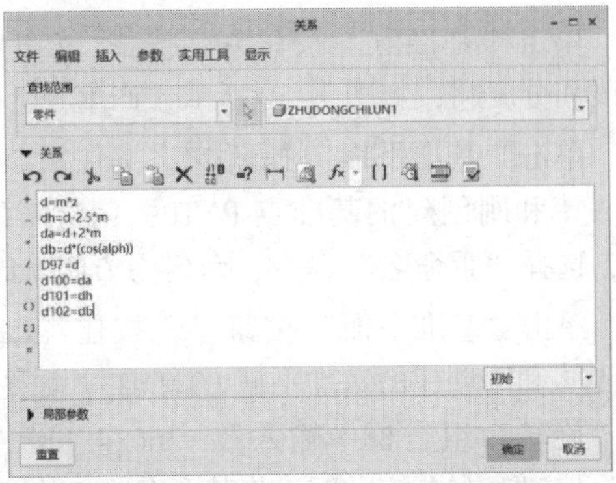

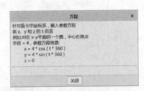

图7-45　添加各个圆的直径关系

（3）创建渐开线

在"模型"选项卡的"基准"组中，单击"曲线"下拉列表中的"来自方程的曲线"按钮，弹出如图7-46所示的"曲线：从方程"选项卡，坐标系用"笛卡儿"，选择模型自带坐标系。单击"方程"按钮，弹出如图7-47所示的"方程"提示框，单击"关闭"按钮。同时打开图7-48所示的"方程"对话框，在其中输入如图7-48所示的公式。单击"确定"按钮，产生如图7-49所示的渐开线。

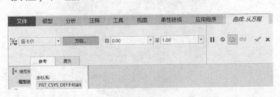

图7-46　"曲线：从方程"选项卡

图7-47　"方程"提示框

图7-48　渐开线方程

图7-49　渐开线

（4）在拉伸平面上提取渐开线

单击"草绘"按钮 ，选择"使用先前的"草绘设置，单击"偏移"按钮 偏移，类型为"单一"，选择渐开线，在弹出的"与箭头方向输入偏移"中输入 0，单击"完成"按钮 退出草绘器。右击原先的渐开线基准线，从弹出的快捷菜单中选择"隐藏"命令。

（5）镜像渐开线

单击"基准点"按钮 ，按住〈Ctrl〉键选择渐开线和分度圆，如图 7-50 所示，产生一个基准点。

单击"基准平面"按钮 ，按住〈Ctrl〉键选择轴 A_1 和刚创建的基准点 PNT0，创建新的平面并右击，选择"重命名"命令，命名为 DTMMJ3。

单击"基准平面"按钮 ，按住〈Ctrl〉键选择轴 A_1 和刚创建的基准平面 DTMMJ3，如图 7-51 所示在"旋转"组合框中输入"-360/4/11"，单击"确定"按钮，右击该平面，将其命名为 DTMXWS。

选择渐开线，并单击"镜像"按钮 ，选择 DTMXWS 作为镜像平面，完成渐开线的镜像，如图 7-52 所示。

图 7-50　创建基准点

图 7-51　创建基准平面

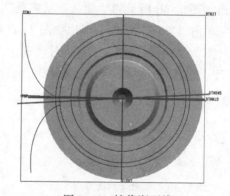

图 7-52　镜像渐开线

（6）拉伸切出齿槽

单击"拉伸"按钮 ，选择"使用先前的"作为草绘放置方向。单击"偏移"按钮 偏移，选择渐开线、齿顶圆及齿根圆，设置偏移距离为 0。利用"直线"按钮 ，绘制一条与渐开线相切的直线，并镜像到另一侧。利用"删除段"按钮 ，修剪成图 7-53 所示的截面。单击"完成"按钮 ，退出草绘器，单击"反向"按钮，再单击"去除材料"按钮 ，长度为"通槽" ，如图 7-54 所示。单击鼠标中键完成齿槽的切除，结果如图 7-55 所示。

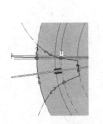

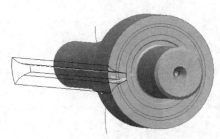

图 7-53 齿槽截面   图 7-54 拉伸齿槽   图 7-55 齿槽切除拉伸结果

（7）阵列齿槽

选择刚创建的齿槽，单击"阵列"按钮▦，参照图 7-56 所示设置阵列参数，阵列模式为"轴"，并选取轴的轴线，数量为"11"、角度为"360/11"，单击"完成"按钮，结果如图 7-57 所示。

图 7-56 阵列参数

（8）隐藏草绘线条

按如图 7-58 所示在模型树上方右侧，单击"显示"下拉按钮，选择"层树"，切换到"层树"列表。在层上右击，从弹出的快捷菜单中选择"新建层"命令。弹出"层属性"对话框，如图 7-59 所示，输入名称"CAOHUI"，在智能过滤器中设为"曲线"，选择绘制的基准圆和渐开线曲线，将草绘曲线添加到该新建的图层，单击"确定"按钮，右击该图层，从弹出的快捷菜单中选择"隐藏"命令，结果如图 7-60 所示。

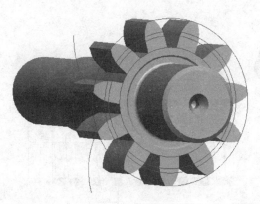

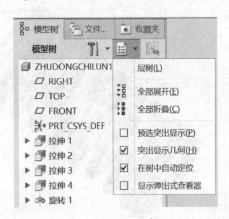

图 7-57 阵列结果   图 7-58 打开层树

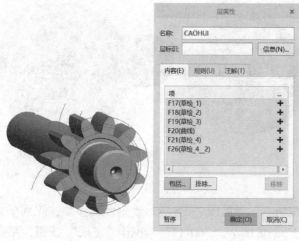

图 7-59　层属性

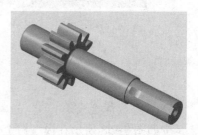

图 7-60　齿轮轴

（9）对轮齿倒圆角

利用倒圆角特征，对轮齿（创建的第一个轮齿）进行倒圆角（R0.5），包括齿顶和齿根，然后单击"阵列"按钮，直接单击鼠标中键接受阵列参数，完成的主动齿轮轴模型如图 7-61 所示。

7.3　压缩弹簧建模实例

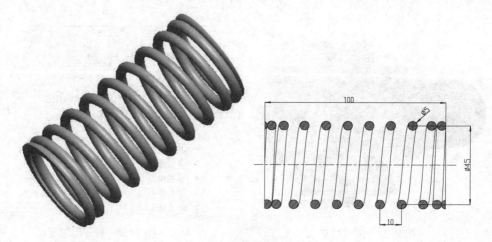

图 7-61　主动齿轮轴

完成图 7-62 所示的弹簧模型。总长为 100，总圈数为 10，有效圈数为 8，初始节距为 10。弹簧带有挠性，装配时可以随安装空间长度尺寸而调整自身的节距。

图 7-62　弹簧模型及尺寸

1. 螺旋扫描弹簧

1）新建零件"yasuotanhuang"，使用"mmns_part_solid"单位。

184

2）在"模型"选项卡中，单击"形状"组中的"螺旋扫描"按钮，弹出如图7-63所示的"螺旋扫描"选项卡。选择"穿过旋转轴"和"右手定则"按钮，单击"参考"面板下的"定义"按钮，弹出"草绘"对话框。选择FRONT平面作为草绘平面，接受默认的方向，单击"确定"按钮，进入草绘界面。

图7-63 "螺旋扫描"选项卡

3）如图7-64所示，绘制一垂直方向的中心线。

4）采用"直线"命令，从水平的参照线往上绘制一垂直直线，长度为100。单击"分割"按钮，将该直线打断为5段，设置两侧4段直线相等约束并标注尺寸，按图7-64所示修改好尺寸，最后单击"完成"按钮✔。

5）如图7-65所示，在"间距"对话框中，单击"添加间距"按钮，并参照图形输入数据。

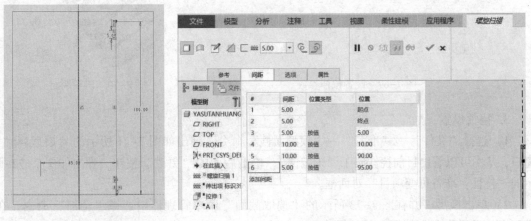

图7-64 扫描轨迹　　　　　　　　　　　图7-65 输入节距

6）单击"草绘"按钮，进入截面定义。参照图7-66所示，绘制 $\phi 5$ 的圆。单击"完成"按钮后单击鼠标中键，完成弹簧扫描，结果如图7-67所示。

2. 两端切平

该弹簧两端并紧端需要磨平，采用平面切除。

1）单击"拉伸"按钮 📦，选择 FRONT 作为草绘平面，接受默认方向，参照图 7-68 所示，绘制一个矩形，长度为 100，宽度大于弹簧的最大直径，最后单击"完成"按钮 ✔。

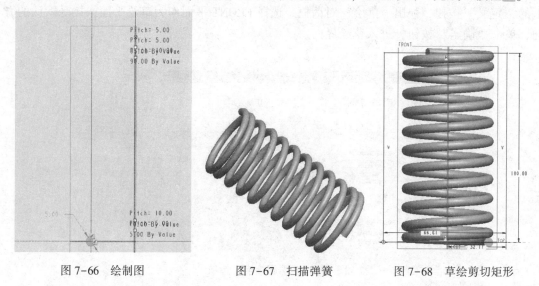

图 7-66　绘制图　　　　　　图 7-67　扫描弹簧　　　　　　图 7-68　草绘剪切矩形

2）如图 7-69 所示，设置拉伸参数：对称、长度 60、去除材料、反向。单击鼠标中键，结果如图 7-70 所示。

图 7-69　设置拉伸参数　　　　　　　　　　图 7-70　切平端面

3. 挠性设置

1）选择"文件"→"准备"→"模型属性"命令，弹出如图 7-71 所示的"模型属性"窗口，从中可以看出目前挠性属于"未定义"，单击后面的"更改"按钮，弹出如图 7-72 所示的"挠性：准备可变项目"对话框。

2）单击模型，并在图 7-73 所示的"选取截面"菜单管理器中选择"全部"命令，在模型上将显示全部和特征有关的尺寸。

3）单击图 7-72 所示的尺寸 100，单击"选取"对话框中的"确定"按钮，完成挠性设置，如图 7-74 所示。

4）添加关系。

保证端面切除尺寸跟弹簧的长度一致。单击"工具"选项卡中的"关系"按钮，弹出图 7-75 所示的"关系"对话框。在其中添加"d49＝d19"及其他关系约束（注意变量名要

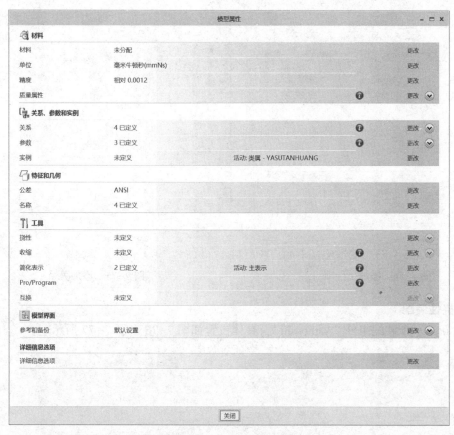

图 7-71 "模型属性"窗口

根据模型中尺寸变量的名称来写)。单击"确定"按钮完成关系设置。

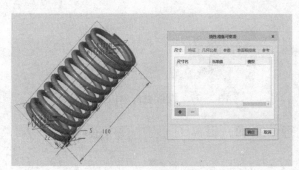

图 7-72 挠性设置

图 7-73 显示需要设置挠性的尺寸

关系说明：d19 为弹簧总长尺寸；d49 为切平面的高度尺寸，必须保持和弹簧的高度一致；n 为有效圈数；d26 为中间有效部分（8 圈）的节距，可变；d38 为另一侧的节距，必须保持和 d26 一致。按照公式，d26 和 d38 会根据最后弹簧的总长 d19 的变化而变化，实现挠性效果。

4. 添加弹簧轴线

为便于后续装配，给弹簧增加一个轴线。在"模型"选项卡的"基准"组中，单击"轴"按钮 ⫶ 轴，按住〈Ctrl〉键的同时选中 RIGHT 和 FRONT 平面，生成轴 A_1。

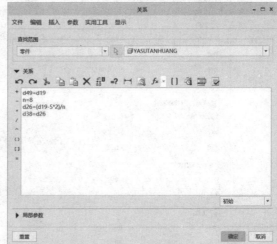

图 7-74　添加挠性项目　　　　　　　　　　　图 7-75　添加关系

5. 挠性装配

1）新建一个装配组件"ysthceshi"，具体设置如图 7-76 和图 7-77 所示。

图 7-76　新建组件　　　　　　　　　　图 7-77　设置组件单位

2）首先创建一个与 ASM_TOP 平行的平面，距离为100。

在"模型"选项卡的"基准"组中单击"平面"按钮 ，弹出如图 7-78 所示的"基准平面"对话框，选择 ASM_TOP 平面，并输入平移距离100，确定后产生平面 ADTM1。

3）添加基准轴线，为了便于弹簧装配定位，添加一根与 ASM_TOP 垂直的轴线。

在"模型"选项卡的"基准"组中单击"轴"按钮，按住〈Ctrl〉键的同时选中 ASM_RIGHT 和 ASM_FRONT 平面，生成轴 AA_1。

图 7-78　添加基准平面

4）载入弹簧。单击按钮，调入"yasuotanhuang"，弹出如图7-79所示的"确认"对话框，单击"是"按钮，弹出如图7-80所示的"可变项"对话框，将尺寸d19后面的方法修改为"距离"，弹出如图7-81所示的"距离"对话框。分别选择ASM_TOP和ADTM1两个面为"自"和"至"曲面，Creo自动测量出两平面之间的距离，单击"确定"按钮，测量值会自动填入如图7-80所示对话框的"新值"中。单击"确定"按钮，并单击按钮完成弹簧的载入。

图 7-79　"确认"对话框　　　　图 7-80　可变项目设置　　　　图 7-81　"距离"对话框

5）调整平面间距查看挠性效果。

现在改变ADTM1平面和ASM_TOP平面之间的距离，查看弹簧挠性效果。

选中ADTM1平面，并单击"编辑定义"按钮，弹出如图7-82所示的"基准平面"对话框，将其中的平移距离100改为70，单击"确定"按钮退出。如图7-83所示，ADTM1基准平面发生了变化。

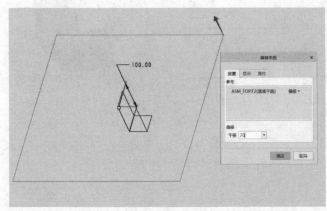

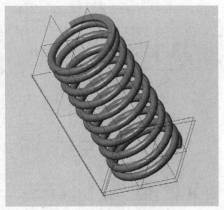

图 7-82　修改基准平面　　　　　　　　图 7-83　基准平面变化

单击"重新生成"按钮，弹簧效果如图7-84所示，对比刚载入时的效果，可以看出，弹簧整体长度变为70，中间的有效圈数部分节距变短。

189

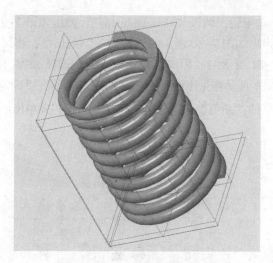

图 7-84　挠性弹簧被压缩的效果

7.4　建模练习

1. 根据零件工程图，创建立体模型。

1）完成如图 7-85 所示的壳体模型。

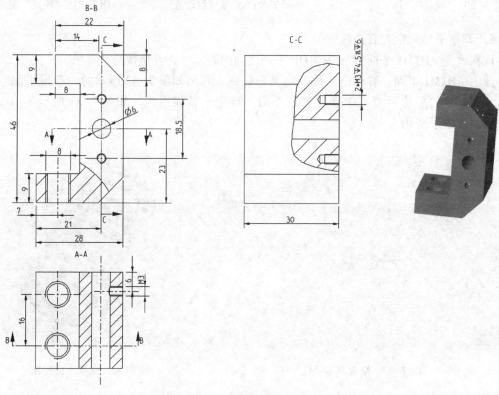

图 7-85　壳体零件图和模型

2）完成如图 7-86 所示的虎钳固定钳身模型。

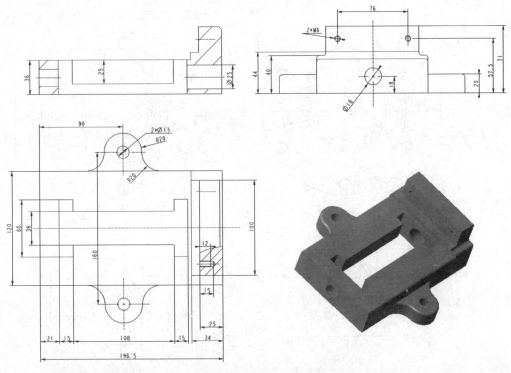

图 7-86　虎钳钳身零件图和模型

3）完成如图 7-87 所示的调解减压阀阀体零件模型。

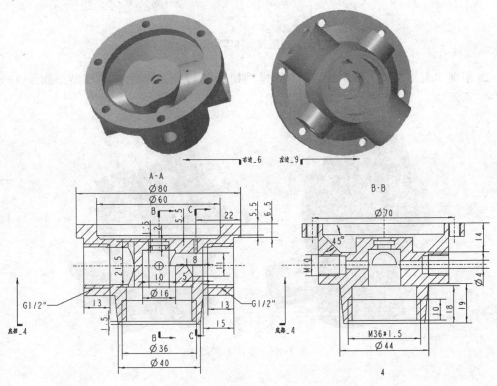

图 7-87　调节减压阀阀体零件图和模型

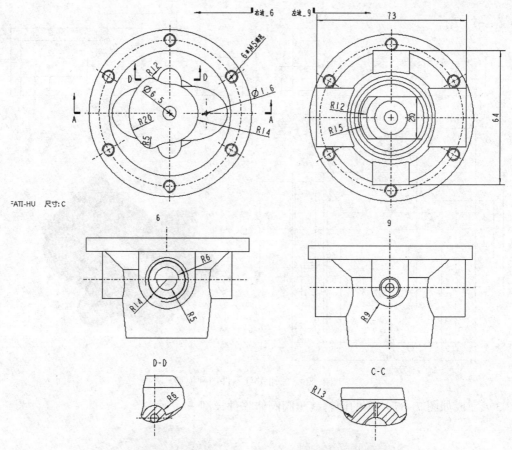

FATI-HU 尺寸:C

图 7-87 调节减压阀阀体零件图和模型（续）

2. 根据"素材文件\第 7 章\"中的模型树及其特征，创建三维模型，如图 7-88~图 7-97所示。

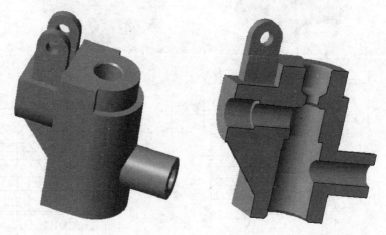

图 7-88 零件 1（723）

图 7-89　零件 2（0628a）

图 7-90　零件 3（0702a）

图 7-91　零件 4（0705c）　　　　图 7-92　零件 5（0702s）

图 7-93　零件 6（0705a）

图 7-94 零件 7（720）

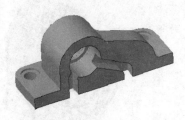

图 7-95 零件 8（726）

图 7-96 零件 9（805-1）

图 7-97 零件 10（122）

3. 完成如图 7-98 所示的直齿圆柱齿轮模型。

4. 参考"素材文件\第 7 章\lashentanh. prt"模型树，完成如图 7-99 所示的拉伸弹簧模型。

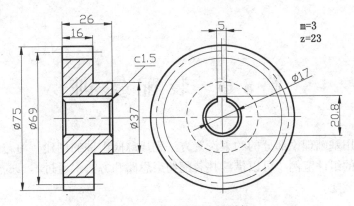

图 7-98　直齿圆柱齿轮零件

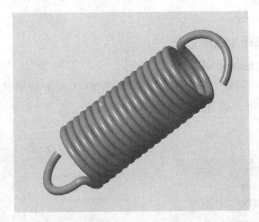

图 7-99　拉伸弹簧

第8章 装配实训

本章综合应用基础理论部分的约束设置方法完成球阀组件的创建。习题则供读者自主练习。配套资源中的组件范例，可以借鉴其装配约束思路和方法。通过本章的学习，读者可以完成各种组件的装配。

8.1 球阀装配实例

完成球阀的装配并制作爆炸图。

1. 新建组件"qiufazhuangpei"

按如图8-1所示进行设置，新建组件，在如图8-2所示的对话框中选择"mmns_asm_design"选项，单击"确定"按钮进入装配模块。

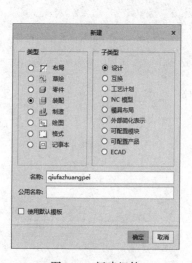

图8-1 新建组件

图8-2 设置组件选项

2. 载入阀体零件

单击"组装"按钮 ，打开"素材文件\第8章\球阀\fati.prt"零件，在"元件放置"选项卡中，选择"默认"定位，如图8-3所示，单击"确定"按钮完成阀体的载入，结果如图8-4所示。

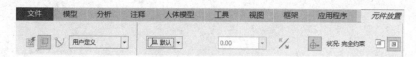

图8-3 "元件放置"选项卡

3. 载入阀芯

1）单击"组装"按钮 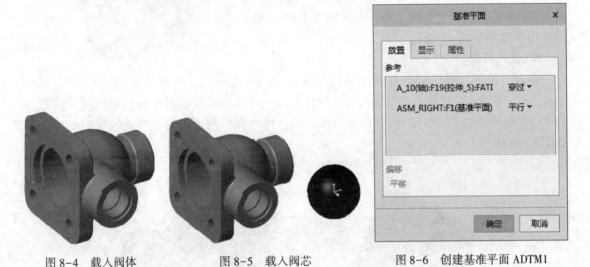，打开"素材文件\第 8 章\球阀\faxin. prt"零件，如图 8-5 所示。

2）创建基准平面 ADTM1。

单击工具栏上的"平面"按钮 ⧉，参照如图 8-6 所示创建基准平面 ADTM1，使得 ADTM1 平面与 ASM_RIGHT 平面平行，并穿过轴 A_10。

图 8-4　载入阀体　　　　　图 8-5　载入阀芯　　　　　图 8-6　创建基准平面 ADTM1

3）参照图 8-7，设置阀芯的 RIGHT 平面与基准平面 ADTM1 的距离为 0，阀芯轴线 （A_1）与阀体中轴线（A_1）重合，阀芯 FRONT 平面与 ASM_TOP 平面重合。

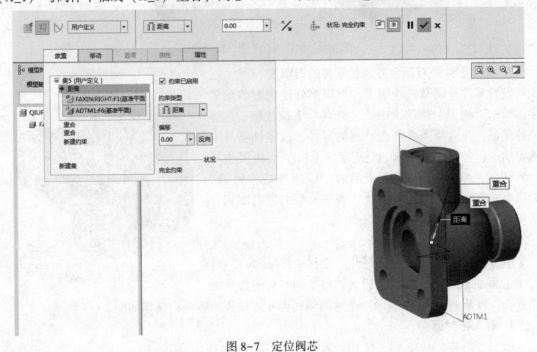

图 8-7　定位阀芯

4. 隐藏阀芯

为了能顺利装配内部零件，需要将阀芯暂时隐藏，便于选择约束对象。在左侧模型树选中阀芯，单击"隐藏"按钮 ，即可将阀芯隐藏。

5. 载入密封圈

单击"组装"按钮 ，打开"素材文件\第 8 章\球阀\mifengquan. prt"零件。设置密封圈轴线与阀体中轴线（A_2）重合，以及密封圈无凹陷一侧面与阀体内侧面 F25 的距离为 0，并且调整偏移方向（也可以设置为重合，下同），结果如图 8-8 所示。

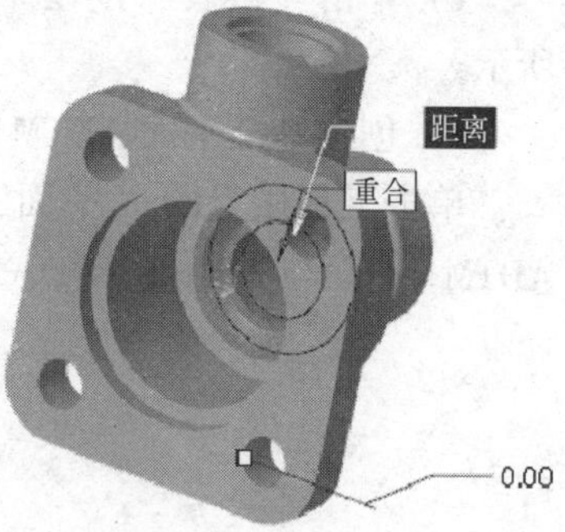

6. 载入阀盖

单击"组装"按钮 ，打开"素材文件\第 8 章\球阀\

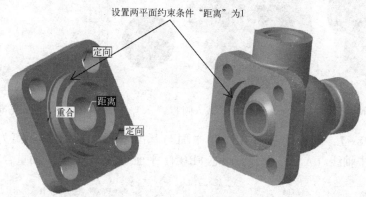

图 8-8 定位密封圈

fagai. prt"零件。设置阀盖中轴线与阀芯轴线重合，阀盖和阀体如图 8-9 所示的两平面距离为 1（两面间会加入调整垫），并调整偏移方向，再分别用阀盖与阀芯两孔轴线定向，结果如图 8-10 所示。

设置两平面约束条件"距离"为1

图 8-9 设置阀盖平面约束条件

7. 设置零件外观颜色并调整零件的透明度

设置零件外观及其透明度，可以更好地观察装配效果。单击"视图"选项卡中的"外观"下拉按钮，选择一种颜色，并选择需要修改外观的零件，该零件将具有选定的颜色外观，如图 8-11 所示。单击"编辑模型外观"按钮，弹出如图 8-12 所示的"模型外观编辑器"对话框，拖动"透明度"滑块，调整模型的透明度到合适位置。

8. 载入调整垫

单击"组装"按钮 ，打开"素材文件\第 8 章\球阀\tiaozhengdian. prt"零件。设置调整垫轴线与阀盖中轴

图 8-10 定位阀盖

线重合，以及如图 8-13 所示两个平面距离为 0 或设置为重合，结果如图 8-14 所示。

9. 载入密封圈

单击"组装"按钮 ，打开"素材文件\第 8 章\球阀\mifengquan. prt"零件。设置密

封圈中心轴与阀盖中心轴重合，以及密封圈无凹陷一侧与阀盖内平面 F20 距离为 0 或设置为
重合，并调整偏移方向结果如图 8-16 所示。

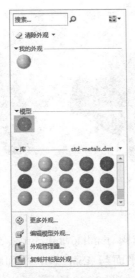

图 8-11　外观库

图 8-12　修改透明度

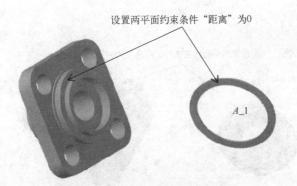

图 8-13　设置调整垫平面约束条件

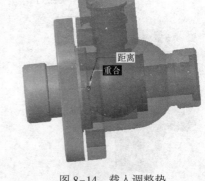

图 8-14　载入调整垫

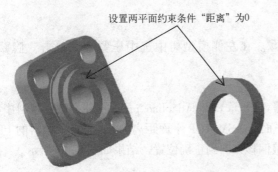

图 8-15　设置密封圈平面约束条件

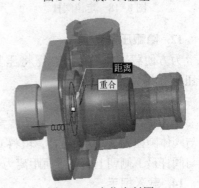

图 8-16　定位密封圈

10. 载入阀杆

单击"组装"按钮🗐，打开"素材文件\第 8 章\球阀\fagan. prt"零件。设置阀杆中心轴与阀体 A_10 轴重合，阀杆 TOP 平面与 ASM_TOP 平面距离为 0，再按照图 8-17 所示，设置阀杆下曲面与阀芯凹曲面相切，阀杆上平面与阀体圆柱孔上平面平行，结果如图 8-18 所示。

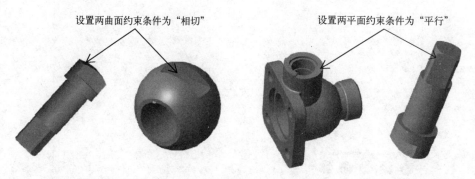

图 8-17 设置阀杆平面约束条件

11. 载入压紧套

单击"组装"按钮🗐，打开"素材文件\第 8 章\球阀\tianliaoyajin. prt"零件。设置压紧套中心轴与阀体圆柱孔 A_10 轴重合，压紧套 RIGHT 平面与 ASM_TOP 平面距离为 0，以及压紧套台阶平面与阀体圆柱孔内台阶面距离为 0，结果如图 8-20 所示。

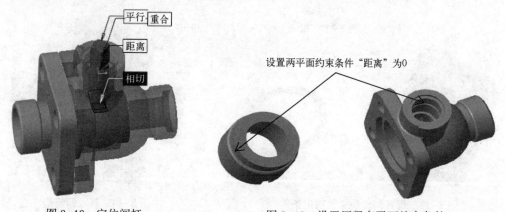

图 8-18 定位阀杆   图 8-19 设置压紧套平面约束条件

12. 隐藏压紧套

为方便载入填料零件，需将压紧套隐藏。在左侧模型树中选中压紧套，单击"隐藏"按钮🗑，即将压紧套隐藏。

13. 载入填料

单击"组装"按钮🗐，打开"素材文件\第 8 章\球阀\tianliao. prt"零件。设置填料中心轴与阀体圆柱孔 A_10 轴重合，填料 DTM1 平面与 ASM_TOP 平面距离为 0，再设置填料的上平面与阀杆最下侧朝上的台阶面距离为 0，调整偏移方向到正确位置，结果如图 8-21 所示。

14. 载入把手

单击"组装"按钮🗐，打开"素材文件\第 8 章\球阀\bashou. prt"零件。如图 8-22 所示，设置把手的突出底面与阀体圆柱孔台阶平面距离为 0，并调整偏移方向，将把手侧面与阀杆侧面设置约束条件为"重合"，结果如图 8-23 所示。

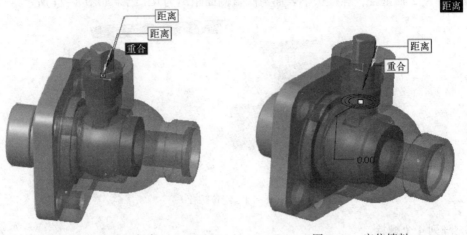

图 8-20　定位压紧套　　　　　　　图 8-21　定位填料

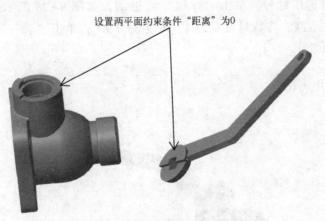

图 8-22　设置把手平面约束条件

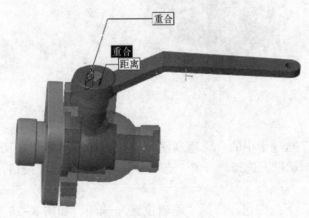

图 8-23　定位把手

15. 载入螺栓

单击"组装"按钮📎，打开"素材文件\第 8 章\球阀\luozhu. prt"零件。设置螺栓中轴与阀盖孔 A_2 轴重合，螺栓头下表面与阀盖侧面距离为 0，结果如图 8-24 所示。

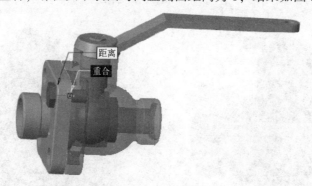

图 8-24　定位螺栓

16. 阵列 4 个螺栓

在左侧模型树选中螺栓，单击"阵列"按钮▦，如图 8-25 所示，设置阵列方式为"轴"，选中阀盖中心线，将数量设置为 4、角度设为 90°，单击"确定"按钮，完成阵列，结果如图 8-26 所示。

| 轴 | ▾ | 1 | 1个项 | ⫽ | 4 | 90.0 | ▾ | ⌃ | 360.0 | ▾ | 2 | 1 | 17.59 | ▾ |

图 8-25　阵列设置

图 8-26　完成球阀装配模型

17. 创建爆炸图

1）单击"视图"选项卡中的"管理视图"下拉按钮，选择"视图管理器"选项，打开如图 8-27 所示的对话框，选择"分解"选项卡，单击"新建"按钮，输入创建的分解视图名称。

2）单击"编辑"下拉按钮，选择"编辑位置"选项，如图 8-28 所示。参照图 8-29 所示，选中具体的单个零件或几个零件，按照坐标系图标提示的方向移动到合适位置并保存。

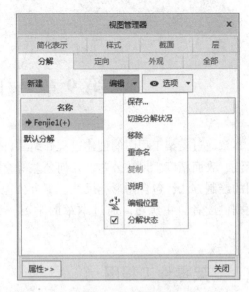

图 8-27 新建分解视图　　　　　　　　　　图 8-28 编辑位置

18. 保存装配文件

单击"保存"按钮，保存装配文件。

8.2 装配练习

【练习】利用"素材文件\第 8 章"附带的模型
或自己完成的零件模型，完成组件装配。

（1）手压阀（图 8-30）。

（2）喷射器（图 8-31）。

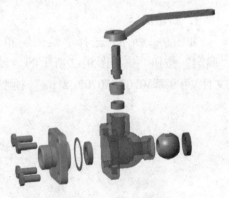

图 8-29 球阀爆炸图

图 8-30 手压阀

图 8-31 喷射器

第9章 工程图实训

本章通过支架工程图的创建过程介绍零件工程图的绘制方法，包含图形、技术要求、尺寸标注、表面精度、尺寸公差、几何公差等全部要素。通过球阀的装配过程示范，介绍了装配图的绘制方法，包含图形、尺寸、配合公差、技术要求、明细栏、零件序号等全部要素。习题则供读者自主练习。通过本章的学习，读者可以掌握零件图和装配图的创建方法和技巧。

9.1 支架零件工程图

完成"素材文件\第9章\0702zj\0702zj2. prt"的工程图。

1. 新建文件

如图9-1所示，选择"绘图"单选按钮，取消选中"使用默认模板"复选框，单击"确定"按钮，进入图9-2所示的"新建绘图"对话框。单击"浏览"按钮，载入"素材文件\第9章\0702zj\0702zj2. prt"模型，单击"确定"按钮，进入工程图界面。

图9-1 新建绘图文件

图9-2 "新建绘图"对话框

2. 插入视图

（1）插入主视图

1）单击"普通视图"按钮 ，在合适的位置单击，插入第一个视图，如图9-3所示。

2）在弹出的"绘图视图"对话框的"视图类型"选项卡中，选择"模型视图名"为"TOP"，如图9-4所示。

图9-3　插入一般视图　　　　　　　　图9-4　设置视图方向

3）设置"视图方向"为"角度"，如图9-5所示，设置"旋转参考"为"法向"，在"角度值"文本框中输入90，单击"应用"按钮，将视图旋转为图9-6所示的方向。

图9-5　旋转视图方向　　　　　　　　图9-6　旋转后的视图

4）如图9-7所示，选择"视图显示"选项卡，在"显示样式"下拉列表中选择"消隐"选项，设置"相切边显示样式"为"无"，单击"应用"按钮，结果如图9-8所示。

5）设置主视图为局部剖视图。选择"截面"选项卡，选择"2D截面"单选按钮，单击"＋"按钮，在"名称"下拉列表中选择"A"，设置"剖切区域"为"局部"，然后参照图9-9所示，选择一个点，并绕该点绘制一样条曲线。该曲线应避免将两同心圆包含进来，最后单击鼠标中键完成样条曲线的封闭。单击对话框中的"应用"按钮，结果如图9-10所示。

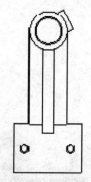

图 9-7 设置视图显示样式　　　　　　图 9-8 消隐视图

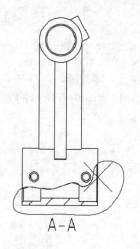

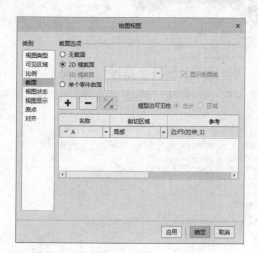

图 9-9 设置 A 向局部剖

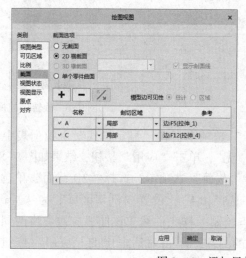

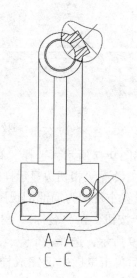

图 9-10 添加局部剖

6）再次单击 **+** 按钮，参照上一步的操作，添加 C 向局部剖，如图 9-10 所示。单击"关闭"按钮，完成主视图的局部剖设置。

（2）插入右视图

1）单击工具栏上的"投影视图"按钮 ▯▯，在主视图左侧合适的位置单击，插入右视图。

2）设置右视图为消隐无隐藏线模式，并添加局部剖，如图 9-11 所示。

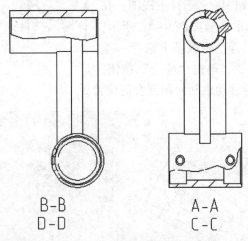

图 9-11　局部剖右视图

3. 添加局部向视图

1）单击"辅助视图"按钮 ✎，选择如图 9-12 所示的端面，并在合适的位置单击，插入向视图，结果如图 9-12 所示。

2）设置向视图为局部视图。双击向视图，视图显示类型设为"消隐"。如图 9-13 所示，选择"可见区域"选项卡，选择"局部视图"，并单击需要显示的局部边界的点，绘制一样条曲线封闭显示范围，结果如图 9-14 所示。

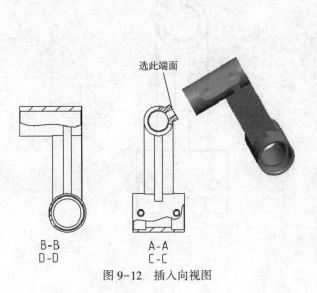

图 9-12　插入向视图

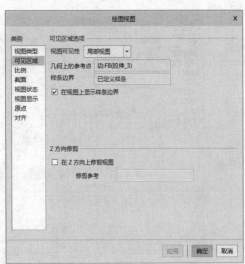

图 9-13　设置显示单个零件

3）选择"视图类型"选项卡，将"视图名称"改为"F"，并选择"投影箭头"为"单箭头"。单击"关闭"按钮，并适当调整箭头的长短和位置，以及名称的位置，在视图上方添加注释 F 符号，如图 9-15 所示。

4. 添加断面图

单击"旋转视图"按钮 ▣⬚，选择主视图，在主视图右侧合适的位置单击，参照图 9-16 所示，选择"横截面"为"E"，再在主视图上选择一垂直方向的曲面，如 TOP 平面，单击"应用"按钮，结果如图 9-17 所示，然后移动该断面图到合适位置。

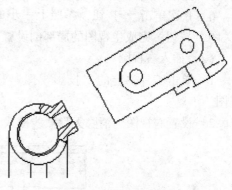

图 9-14　端面向视图

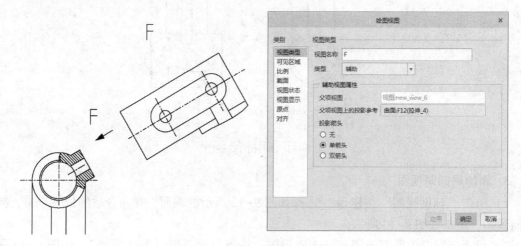

图 9-15　添加投影箭头和视图名称

图 9-16　设置旋转视图截面

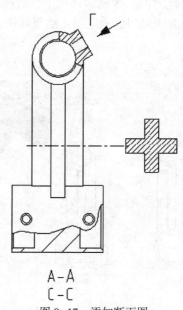

图 9-17　添加断面图

5. 添加轴线、中心线

单击"注释"选项卡中的"显示模型注释"按钮 🔛，弹出如图 9-18 所示的"显示模型注释"对话框，选择"显示模型基准"选项卡 🛂，选择相应的视图，并选中需要添加的轴线和中心线，单击"应用"按钮，并适当拖动轴线的端点到合适位置，结果如图 9-19 所示。

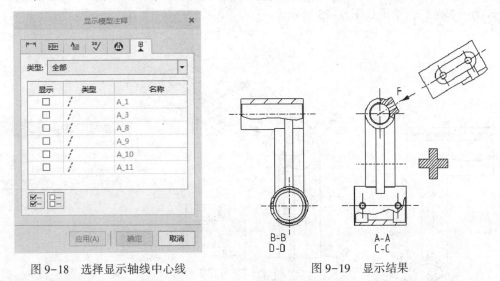

图 9-18　选择显示轴线中心线　　　　　　　图 9-19　显示结果

6. 修改剖面线方向和间隔

切换到"布局"选项卡，选中剖面线并双击，弹出如图 9-20 所示的菜单管理器。选择"角度"命令，改为 135。再选择"间距"命令下的"一半"或"加倍"命令，调整到合适的间距。如图 9-21 所示，依次将其他地方的剖面线也设置成同样的方向和间隔，结果如图 9-22 所示。

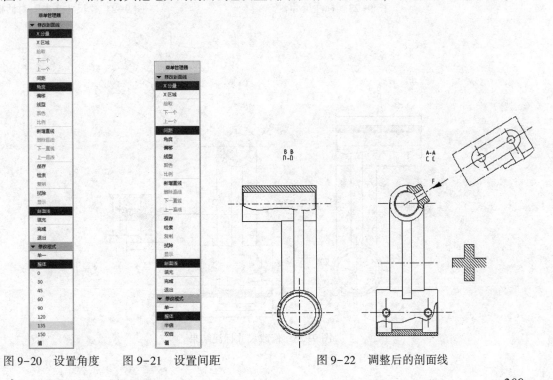

图 9-20　设置角度　　图 9-21　设置间距　　　　　图 9-22　调整后的剖面线

7. 标注尺寸

1）切换到"注释"选项卡，单击"尺寸"按钮▭，参照图9-23所示标注尺寸。

2）修改尺寸。选中需要修改的尺寸 $\phi6$，单击"尺寸文本"按钮 ⌀10.0Ⓞ，弹出如图9-24所示的对话框。在"前缀/后缀"文本框中输入"2×"，单击鼠标完成标注。用同样的方式修改 $\phi8$ 为"2×$\phi8$"，结果如图9-25所示。

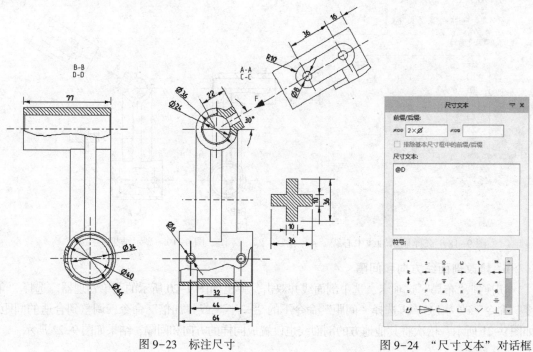

图9-23　标注尺寸　　　　　　　　　　　图9-24　"尺寸文本"对话框

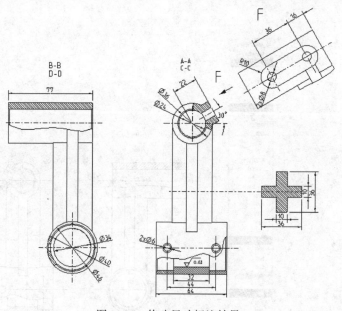

图9-25　修改尺寸标注结果

8. 添加表面结构符号

单击"几何公差"按钮 ▷|M，在如图9-26所示的轴上放置"几何公差"框，选择"直线度"，输入公差值0.01，选择"箭头样式"为"单箭头"。添加 φ 符号并选择 φ24 进行尺寸标注。在图上调整公差及箭头位置，结果如图9-26所示。

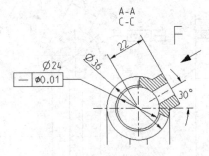

图9-26 标注直线度

9. 添加表面粗糙度符号

单击"表面粗糙度"按钮 ³²√，弹出"表面粗糙度"对话框，单击"浏览"按钮，搜索"ccd.sym"，单击"打开"按钮，如图9-27所示，在"表面粗糙度"对话框中，选择"放置类型"为"图元上"。选择最左侧端面，输入表面粗糙度值 Ra6.3，结果如图9-28所示。

图9-27 "表面粗糙度"对话框

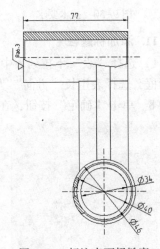

图9-28 标注表面粗糙度

采用同样的方法，标注其他的表面粗糙度，将剖视图中的标注 B-B、D-D 删除，补充字母 F，结果如图9-29所示。

10. 添加技术要求

1) 单击"注解"下拉按钮，单击"独立注解"按钮 ▲≡。在图形右下侧合适的位置单击，确定注释的摆放位置，输入图9-30所示的技术要求。

2) 在注释后插入表面粗糙度12.5，结果如图9-31所示。

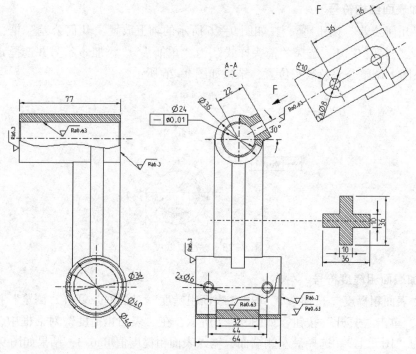

图 9-29 表面粗糙度标注结果

技术要求

未注倒角 C1

图 9-30 技术要求

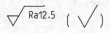

图 9-31 在标题栏上方插入其余表面粗糙度要求

11. 添加标题栏

1）选择"表"下拉列表中单击"插入表"按钮▦，弹出如图 9-32 所示的"插入表"对话框，选择表生长"方向"为"向左且向上"，设置列数为 7、列宽为 15、行数为 4、行高为 8。单击"确定"按钮，在图面右下方放置表格，结果如图 9-33 所示。

图 9-32 "插入表"对话框

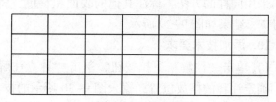

图 9-33 插入表

212

2）调整表格左侧第二列宽度。选中表格的第二列并双击，弹出如图9-34所示的"高度和宽度"对话框，设置列宽为20，单击"确定"按钮，结果如图9-35所示。

3）合并单元格。按住〈Ctrl〉键选中左上角单元格和第二行第三列单元格，单击"合并单元格"按钮 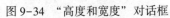，合并单元格。用同样的方法，合并右下侧的两行四列单元格和右侧第二行最后两列单元格，结果如图9-36所示。

图9-34 "高度和宽度"对话框

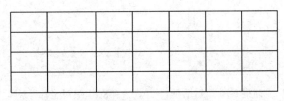

图9-35 调整第二列表宽

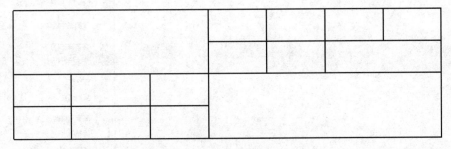

图9-36 合并单元格

12. 绘制图框

单击"草绘"选项卡中的"线"按钮 ，出现如图9-37所示的"捕捉参考"对话框。单击工具栏中的"绝对坐标"按钮 ，在如图9-38所示的对话框中输入坐标（25,5），单击"确定"按钮，完成图框第一点的定位。再单击工具栏中的"相对坐标"按钮 ，在"相对坐标"对话框中输入相对第一点的坐标（0,200），完成图框第二点的定位。按照上述方法，依次定位图框各点，完成图框的绘制。

13. 填写标题栏

双击单元格，在其内输入文本。单击工具栏中的"文本样式"按钮，选中需要修改样式的文本，出现如图9-39所示的"文本样式"对话框，设置文本的高度和对齐方式，结果如图9-40所示。

14. 移动标题栏

选中标题栏表格，单击鼠标右键，出现如图9-41所示的快捷菜单，选择"移动特殊"命令，出现如图9-42所示的"移动特殊"对话框，利用"将对象捕捉到指定参考点上"按钮 ，选择图框的右下角顶点，最后单击"确定"按钮，结果如图9-43所示。

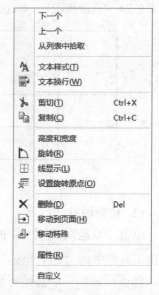

图 9-37 "捕捉参考"对话框　　　图 9-38 "绝对坐标"对话框　　　图 9-39 修改文本样式

图 9-40 标题栏　　　　　　　　　　　　图 9-41 选择"移动特殊"命令

图 9-42 "移动特殊"对话框　　　　　　　　图 9-43 移动结果

注意： 如果图 9-41 所示的快捷菜单中没有"移动特殊"命令，可以选择"自定义"命令，在"过滤命令"窗口中搜索"移动特殊"，将其拖动到快捷菜单中即可。

214

15. 保存表及工程图

1）选中标题栏表格，并单击"另存为表"按钮，在弹出的"保存绘图表"对话框中，选择保存位置，并输入名称"btl"，将标题栏保存。

2）将图 9-44 所示的图形保存。

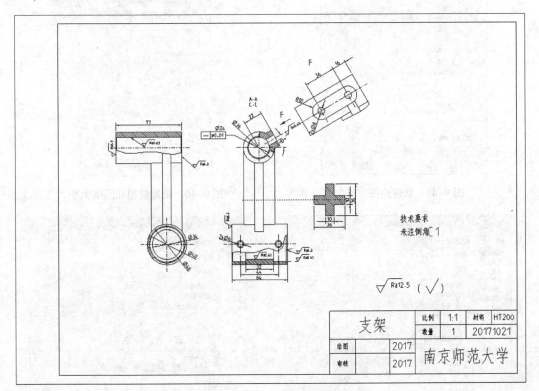

图 9-44　支架工程图

注意：一般情况下，应预先绘制各种规格的图框及标题栏模板，保存成 .frm 格式，在新建绘图文件时，直接调用即可。

9.2　球阀组件工程图

完成球阀的装配工程图。

1. 新建工程图

首先打开"素材文件\第 9 章\qiufa666.asm"球阀模型，然后单击"新建"按钮 ，参照图 9-45 和 9-46 所示设置文件名称、模型、图纸大小等。

2. 插入主视图

1）单击"普通视图"按钮 ，在左上侧合适的位置单击，模型轴测图自动插入到图形上。

参照图 9-47 和图 9-48 所示设置"模型视图名"为 TOP、"选择定向方法"为"角度"、"旋转参考"为"水平"，在"角度值"文本框中输入 180，单击"应用"按钮。

2）参照图 9-49 所示，设置"自定义比例"为 1，参照图 9-50 所示，设置为全剖视图。

图 9-45　新建绘图文件

图 9-46　设置模型和图纸大小

图 9-47　设置视图投影方向

图 9-48　旋转视图方向

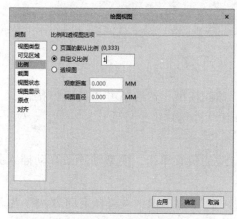

图 9-49　设置比例

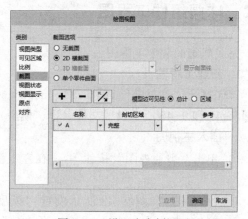

图 9-50　设置为全剖视图

3）参照图 9-51 所示，设置"显示样式"为"消隐"、"相切边显示样式"为"无"，主视图显示效果如图 9-52 所示。

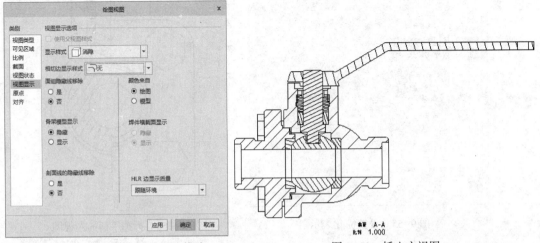

图 9-51　设置消隐且无相切边模式

图 9-52　插入主视图

3. 插入左视图

1）单击"投影视图"按钮，在主视图右侧合适的位置单击，插入左视图。双击该视图，弹出"绘图视图"对话框，在"视图类型"设置界面修改视图名称为 LEFT。

2）在"视图显示"设置界面中设置"显示样式"为"消隐"、"相切边显示样式"为"无"。

3）切换到"截面"选项卡，如图 9-53 所示，设置"2D 横截面"为 B、"半倍"剖，选择 ASM_TOP 平面为对称面，在视图右侧单击，选择将右侧剖开，结果如图 9-54 所示。

图 9-53　设置"半倍"剖视图

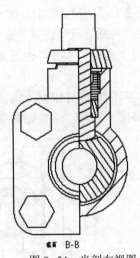

图 9-54　半剖左视图

注意：半剖左视图中多余的线条可通过"拭除修饰"命令来删除。

4）简化左视图。如图 9-55 所示，在"视图状态"选项卡中选择"NOBASHOU"的简化表示，排除手柄，单击"应用"按钮，结果如图 9-56 所示。

图 9-55 设置简化表示

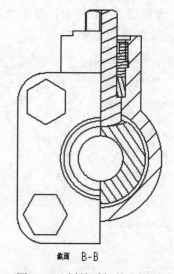

图 9-56 拆掉手柄的左视图

注意： ① 简化表示中的"NOBASHOU"需要通过视图管理器创建。

② 此处为了实现拆卸画法，也可以使用"元件显示"→"遮蔽"功能。单击工具栏中的"元件显示"按钮 ，弹出"成员显示"菜单管理器，选择需要遮蔽的对象及视图后单击鼠标中键。同样，也可以取消遮蔽。

4. 插入俯视图

1）选中主视图，单击"投影视图"按钮，在主视图下方合适的位置单击，插入俯视图。

2）在"视图显示"设置界面中设置"显示样式"为"消隐"、"相切边显示样式"为"无"。

3）参照图 9-57 和图 9-58 所示，设置主视图为局部剖视图，结果如图 9-59 所示。

图 9-57 局部剖设置

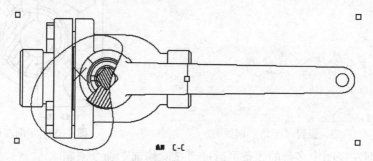

图 9-58 设置局部剖位置

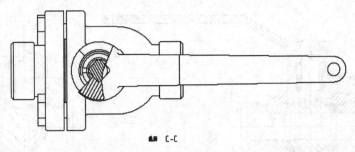

图 9-59　局部剖俯视图

5. 修改剖面线方向和间距及边显示

1) 选中剖面线并双击，弹出如图 9-60 所示的菜单管理器，利用"角度""间距""拭除""排除"等命令修改剖面线样式。

2) 单击工具栏上的"边显示"按钮 ▱，在"边显示"菜单管理器中通过"拭除直线""边框"等命令修改各边显示情况，结果如图 9-61 所示。

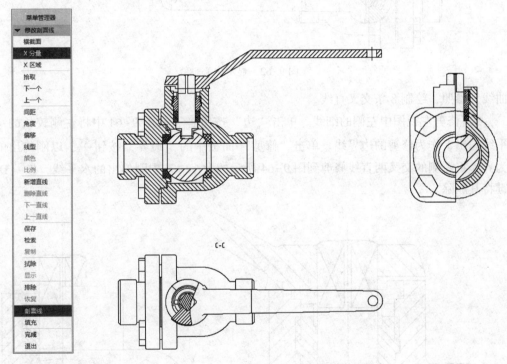

图 9-60　设置剖面线属性　　　　　　　图 9-61　修改后的结果

6. 添加中心线和轴线

单击工具栏中的"显示模型注释"按钮 ⊞，通过"显示模型注释"对话框，将需要添加的中心线和轴线显示出来，并适当调整其端点位置，结果如图 9-62 所示。

7. 补画表示平面的细线

在主视图和左视图中，阀杆上方是平面，需要添加对角线的两条细实线表示平面，用直线直接绘制即可。

1) 单击"直线"按钮 ＼，添加经过图 9-63 和图 9-64 中所示交叉直线端点的直线和

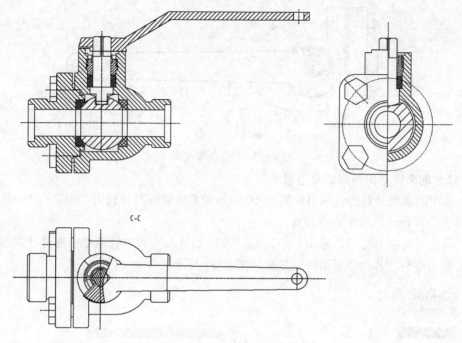

C-C

图 9-62　显示中心轴线

曲线为参照，绘制 8 条交叉直线。

2）修剪左视图中左侧的细线。单击"边"按钮 □，在图 9-64 中将左侧较长的一条水平线勾出，作为修剪的边界线。单击"修剪"面板中的"边界"按钮 ┼，以刚勾出的直线为界，将左侧的交叉两直线修剪到图 9-64 所示的大小。选中刚勾出的水平线，按〈Delete〉键将其删除。

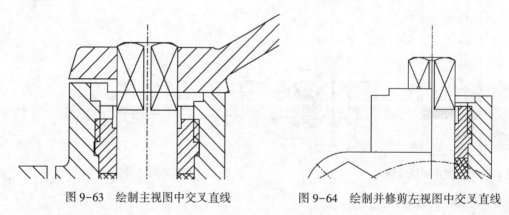

图 9-63　绘制主视图中交叉直线　　　　图 9-64　绘制并修剪左视图中交叉直线

3）设置绘制的图形分别和对应的视图相关。选中刚绘制的几条直线后右击，从弹出的快捷菜单中选择"与视图相关"命令，并选择对应的视图。

8. 标注尺寸

参照图 9-65 所示，标注尺寸，并通过"属性"对话框，修改标注的文本。适当调整尺寸位置，删除原有的 A-A、B-B 名称，移动 C-C 到俯视图上方，在主视图上添加 C-C 剖切位置和箭头。

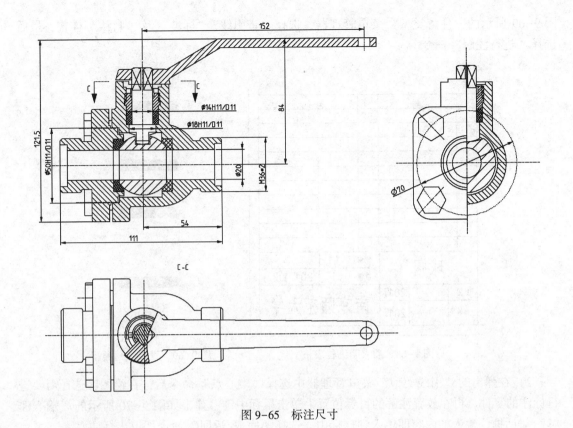

图 9-65 标注尺寸

9. 绘制图框

通过"直线"命令，采用绝对坐标和相对坐标方式，绘制图框。具体操作参考 9.1 节
零件工程图的绘制。

10. 插入标题栏

1）单击"表"选项卡中的"表来自文件"按钮 ，找到 9.1 节示例中保存的表格
"btl"，将其打开，在图中插入表格，如图 9-66 所示。

2）按照图 9-67 所示修改其中的内容。

3）选中整个表格并右击，通过选择"移动特殊"命令将表格移动到图框右下角。

支架		比例	1:1	材料	HT200
		数量	1	20171021	
绘图		2017	南京师范大学		
审核		2017			

图 9-66 插入标题栏

球阀		比例	1:1		
		数量	1	20171022	
绘图		2017	南京师范大学		
审核		2017			

图 9-67 调整标题栏

11. 绘制明细栏

通过插入表格的方法，在标题栏上方插入明细栏。宽度分别是 10、40、10、20、30，
行高为 8。再通过"移动特殊"的方法，对齐表格和标题栏，如图 9-68 所示。

12. 插入零件序号

1）单击"表"选项卡中的"球标"下拉按钮，单击"球标注解"按钮 ，弹出如

图 9-69 所示的"注解类型"菜单管理器，选择"带引线""标准"及"默认"样式，最后选择"进行注解"命令。

图 9-68 插入明细栏表格

图 9-69 设置注解类型

2）在弹出的"引线类型"菜单管理器中选择"实心点"命令后，在绘图区选择需要进行标注的零件，再在放置注解的目标位置上单击鼠标中键，弹出如图 9-70 所示的"输入注解"对话框，输入的内容即填入到球标中。选择"完成/返回"命令即退出标注。

3）双击球标序号，弹出"注解属性"对话框，如图 9-71 所示，可以在其中编辑更改序号，插入结果如图 9-72 所示。

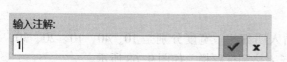

图 9-70 "输入注解"对话框

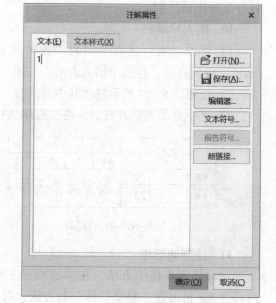

图 9-71 "注解属性"对话框

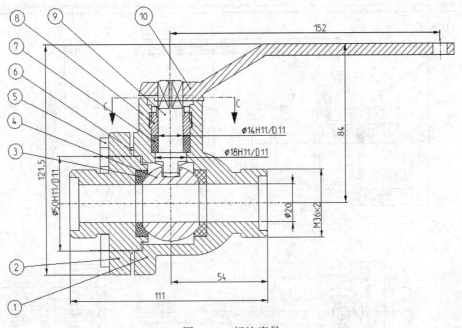

图 9-72　标注序号

13. 填写明细栏

请按照图 9-73 所示明细栏内容，双击单元格，填写明细栏。注意：文本居中显示。

10	把手	1	ZG1Cr18Ni12Mo	
9	阀杆	1	40Cr	
8	压紧套	1	35	
7	填料	1	聚四氟乙烯	
6	调整垫	1	聚四氟乙烯	
5	螺栓	4	35	GB/T 897-1988
4	阀芯	1	40Cr	
3	密封圈	2	聚四氟乙烯	
2	阀盖	1	ZG1Cr18Ni12Mo	
1	阀体	1	ZG1Cr18Ni12Mo	
序号	名称	数量	材料	备注

图 9-73　明细栏

14. 插入注释

单击"注解"下拉列表中的"独立注解"按钮 ，在图纸中部下方的空白处，输入技术要求等，结果如图 9-74 所示。

15. 保存文件

最后将文件保存即可。

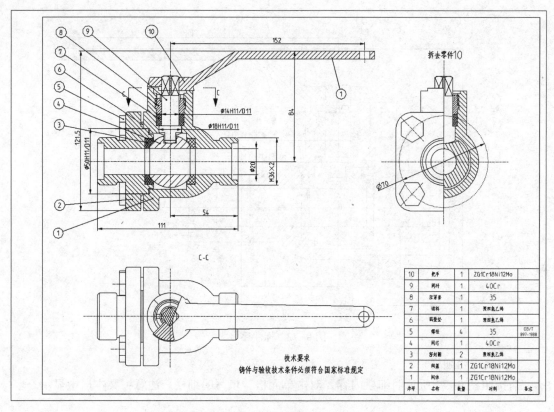

図 9-74 完成的装配工程图

10	扳手	1	ZG1Cr18Ni12Mo	
9	阀杆	1	40Cr	
8	压紧套	1	35	
7	填料	1	聚四氟乙烯	
6	调整垫	1	聚四氟乙烯	
5	螺栓	4	35	GB/T 897-1988
4	阀芯	1	40Cr	
3	密封圈	2	聚四氟乙烯	
2	阀盖	1	ZG1Cr18Ni12Mo	
1	阀体	1	ZG1Cr18Ni12Mo	
序号	名称	数量	材料	备注

9.3 工程图练习

【练习1】利用"素材文件\第9章\工程图练习"文件夹中的模型完成以下零件的工程图（如图 9-75 ~ 图 9-79 所示）。

(1) 支架（文件 0702a. prt），如图 9-75 所示。

(2) 左泵体（文件 802zuobengti01. prt），如图 9-76 所示。

图 9-75 支架 　　图 9-76 左泵体

（3）壳体（文件 805kt. prt），如图 9-77 所示。

图 9-77 壳体

（4）箱体（文件 807lingjian. prt），如图 9-78 所示。

图 9-78 箱体

（5）缸体（文件 720gangti. prt），如图 9-79 所示。

图 9-79 缸体

【练习 2】完成第 8 章中的喷射器、手压阀等装配体的组件工程图。

参 考 文 献

[1] 周敏，等．中文版 PTC Creo 4.0 完全实战技术手册．[M]．北京：清华大学出版社，2017.

[2] 徐文胜，等．Pro/Engineer 实用教程．[M]．北京：机械工业出版社，2013.

[3] 徐文胜，等．机械制图及计算机绘图．[M]．北京：机械工业出版社，2015.

[4] 陈桂山．Creo Parametric 3.0 基础、进阶、高手一本通．[M]．北京：电子工业出版社，2017.

[5] 詹友刚．Creo 3.0 高级应用教程．[M]．北京：机械工业出版社，2014.

[6] 詹友刚．Creo 3.0 工程图教程．[M]．北京：机械工业出版社，2014.

[7] 应成学．Creo 3.0 完全自学一本通．[M]．北京：电子工业出版社，2016.

[8] 明济国．Creo 3.0 速成宝典．[M]．北京：电子工业出版社，2016.